一方水土养一方人

——地理环境对人类的影响

曹诗图 孙天胜 王衍用 等 著

U0250132

WUHAN UNIVERSITY PRESS

武汉大学出版社

图书在版编目(CIP)数据

一方水土养一方人:地理环境对人类的影响/曹诗图等著. —武汉:武汉大学出版社,2016.5(2017.8 重印)

ISBN 978-7-307-17667-6

Ⅰ. 一⋯⋯ Ⅱ. 曹⋯ Ⅲ. 自然环境—关系—人类—研究 Ⅳ. X24

中国版本图书馆 CIP 数据核字(2016)第 050915 号

责任编辑:柴 艺   责任校对:汪欣怡   版式设计:马 佳

出版发行:**武汉大学出版社**   (430072 武昌 珞珈山)
        (电子邮件:cbs22@ whu. edu. cn   网址:www. wdp. com. cn)
印刷:虎彩印艺股份有限公司
开本:880×1230 1/32   印张:9.25 字数:333 千字 插页:1
版次:2016 年 5 月第 1 版   2017 年 8 月第 2 次印刷
ISBN 978-7-307-17667-6   定价:28.00 元

序

　　人类社会和自然环境的关系，既是当今社会发展必须直面和探讨的问题，也是人类认识世界常论常新的永恒命题。从萌芽于古希腊时代的"地理环境决定论"，到工业革命后风行一时的"人类意志决定论"以及当今的"和谐论"，人类对于人地关系的探索始终没有停止。探索和构建全面协调的人地关系，以实现人与自然的和谐共处，越来越成为人类的共识。

　　地理环境既是人类生存的物质基础和重要条件，也是社会生产力的重要组成部分。地理环境对于人类的生产活动和社会活动的影响无所不在，其影响并不是越来越小，既有空间上的逐渐扩大，也有时间上的不断加深。地理环境的作用具有永恒性、动态性和复杂性。在学术界，系统研究地理环境对人类影响的最为著名的是美国地理学家埃伦·森普尔（Ellen Semple，1863—1932），她致力于研究地理环境对人类体质、思想文化、经济发展与国家历史的影响，强调自然地理条件的决定性作用，撰写过著名的学术著作《地理环境的影响》。在这部作品中，她分别论述了土地、地理位置、各种水域、地貌和气候等多种地理条件对人类社会和文明的影响。因此，她被视为"地理环境决定论"的代表人物之一。地理环境决定论在反对封建时期神意决定一切的唯心观点时起过积极作用。它虽然没有阐述和强调人的主观能动作用，但这不等于它否定这种作用。该理论具有丰富而深刻的内涵，含有不容忽视的一些合理成分，人类在许多方面至今仍然受到地理环境的深刻制约。当今地理学和人地关系的研究，不少问题实质上是以地理环境决定论为思想理论基础的（如因地制宜、和谐论乃至可持续发展等思想）。地理环境决定论这一理论学说的主要错误是把地理环境对人类社会的影响从特定的时空范畴抽象出来，加以无限发挥，过分夸大，以自然规律代替社会规律，把地理环境与人类社会活动看作单向的因果关系，忽略若干中介（如生产力或社会生产方式），把自然条件对人类社会的作用进行直线化、简单化、夸大化的描述，特别是忽视人类社会对地理环境作用的研究，忽视人类的主观能动性与客观环境的辩证统一性。自我国文革前对"地理环境决定论"展开批判以来，直接论述地理环境对于人类影响的著作寥若晨星。长期以来，研究人地关系领域以译著、理论著作为多，难免"曲高和寡"。而由曹诗图、孙天胜、王衍用等著的《一方水土养一方人——地理环境对人类的影响》一书，则以鲜活的文字、哲理的思考、精美的图片，给我们栩栩展现了一幕幕人地关系的鲜活情景。"一方水土养一方人"虽是我国家喻户晓、妇孺皆知的道理，但其间蕴含的奥秘却值得探究。人与地理环境的关系几乎是每个人都应关注的话题，不分性别男女，不分年龄老少，不分职业差异，不论职务高低和知识多少，因为这一问题牵涉到人对生存的思考，与自我和人类社会的许多方面息息相关。

《一方水土养一方人——地理环境对人类的影响》这部力作，以新的视角、丰富的案例、生动的语言，全面、系统地勾画出人类与地理环境相互作用的整体轮廓。该书以辩证唯物主义和人地关系理论为指导，在人文与自然结合的层面上，全面、系统、深入地讨论了人类及各种活动与地理环境的关系。全书分为人类篇、生活篇、社会经济篇、文化篇，深入浅出地论述了地理环境对人类、经济、社会、文化诸多方面的影响，对地理环境的作用进行了全方位的扫描与透视，是一部全面、系统、深入论述人地关系并具有强烈人文关怀意识的、兼具学术性与科普性的著作。概括来说，该著有以下特点：一是视角独特。从纵向与横向、时间与空间、历史与现实、生活与社会等不同维度，对人类与地理环境的复杂关系做出了科学的透视和阐明；二是内容系统。全面论述了地理环境对人类、经济、社会、文化诸方面的影响，对地理环境的作用进行了全方位的扫描与剖析；三是观点新颖，把地理环境的作用和人地关系上升到科学与哲学的高度分析与总结，并提出了许多新颖的见解；四是形式活泼。该书文笔优美生动、旁征博引而又深入浅出，内容精练，文图结合，具有很强的知识性、趣味性和可读性。

人文地理学对人地关系的探讨源远流长，尤其近代以来西方诸多学说频出。然在西方科学理论流行背景下，我们对我国传统文化中的人地关系理论一直缺乏深度挖掘和发现。结合西方科学理论，发掘中国传统文化中的精华，结合人类社会发展现实，进行地理科学知识的宣传普及，是本书最大的学术价值和社会效益之所在。本书的出版对于消除人们对地理环境作用认识的一些偏见和误解，正确掌握地理学的科学思维和认知方法，无疑具有重要意义。在我国着力构建生态文明社会的当下，该书的出版无疑为探索人地和谐的现实途径提供了有益的启示。

曹诗图教授是我国人文地理学界和旅游学界学术成果丰硕的学者，1992 年 10 月我曾邀请他到北京大学地理系进行过学术交流，至今我们一直保持着学术上的联系。他多年来在地理、旅游两个学科领域笔耕不辍，不断发表和出版新著述，非常值得庆贺。今以新作索序于余，乃欣然命笔，于是有了上面的文字，不一定妥当，请读者批评指正。

王恩涌

2015 年 8 月 16 日于北京大学

目　　录

绪言：人与大地血脉关联

在浩瀚无边的宇宙中，目前发现只有地球这颗蓝色的星球，养育了包括人类在内的亿万生灵。我们的人生，因此也与大地母亲有着割不断的血脉关联。

从人类的群体来说，生命的繁衍、增长、分布、迁徙无不与地理环境有关。这一点，从全球人口分布状况就能清晰地看出来。一般来说，自然条件优越、资源丰富、经济文化发达、交通便利的地方，人口比较稠密；反之，人口则相对稀少。世界人口主要分布在北半球，南半球的人口只占11.5%。即使在北半球，分布也不均衡，处于相对温和区域的北纬20°~60°地带，人口约占全球的80%。南极洲和北极地带尚无人定居，非洲、澳大利亚和亚洲沙漠及热带森林地区的人口密度很小。现代人口分布还有临海性和城市化的特点。近百年来，海洋交通和临海产业的发展，促使人口快速向沿海聚集，导致世界人口有一半以上居住在距海岸不到200公里的地区。城市化进程则使得城市人口愈来愈多，农村人口愈来愈少。

地理环境是人口分布的自然基础，古代的人口分布深受气候、地形、水文、土壤、植被及自然资源的影响，即便在科学技术高度发达的今天，人类可以在很大程度上摆脱自然的束缚而使足迹遍及世界各地，但依然是自然条件优越的地方人口众多，自然环境恶劣的地方人口稀少。

人类迁徙的现象几乎与人类同时诞生。但是在17世纪中期以前，人口迁移的规模还很小。中世纪以后，随着新大陆的发现和开发，资本主义的兴起，交通工具的进步，世界人口迁移规模开始扩大。近代人口迁移以大规模、长距离跨洋迁移为主要形式。现代人口移动的规模与距离更是与日俱增。自然环境的地域差异是引起人口迁移的重要原因。一般来说，人们总是愿意移居到自然环境更加优越、自然资源更加丰富的地区。无论在以手工劳动为主的古代，还是在生产力水平条件较高的现代，人们都倾向于生活在气候温和、土壤肥沃、水丰草茂、交通便利的平原、河谷地带。洪水、地震、火山喷发、气候恶化、病虫害、瘟疫等各种严重的自然灾害，会破坏人的生存条件和生产环境，迫使人们背井离乡，造成大规模的人口迁移。

作为生物进化最高阶段的人类，是地球环境演化的产物，生态环境是人类赖以存在和发展的物质基础。人类是在不断地利用、改造自然环境的过程中逐渐发展起来的。人类生存的空间范围和人口分布深受自然因素的影响。地域环境容量的有限性，决定了人口数量的有限性。自然环境的地区差异、自然条件的优劣和自然资源的多寡，影响到区域人口数量和人口密度。再者，人的外貌特征和体质也深受自然环境的制约。一定地区的人口外貌特征和种族差别，在很大程度上取决于自然环境的影响作用。例如黄种人、白种人、黑种人等种族差异的形成，就是自然环境的纬度地带性差异导致的。

在深受自然环境影响的同时，人类也积极地作用于自然界。为了使自己生活得更好，人类创造出适合自身生产与生活的人工生态系统。在这个过程中，人类对资源的需求量不断增加，无形中加大了环境的压力。对自然环境无节制的开发，造成太多的生态环境问题，如森林锐减、水土流失、土地沙化、水体污染、淡水危机、矿产加速枯竭。这些结果又反作用于人类自身，危害人体健康与安全，影响人类的生产与生活，进而影响人类的生存。

　　就具体的生命个体而言，人们的生理与心理状况、寿命长短、容貌差别、成才几率，也无不与其所生活的环境相关。在我国，南方人与北方人的差别显而易见。北方人高大强壮，南方人瘦小灵活。北方人多豪放粗犷，热情外向；南方人则多感情细腻，稳重内向。生活在不同区域的人们，其心理行为有着明显的地域差异。比如地理环境对人的生理、心理影响很大，优美的环境、良好的生态使人心情舒畅，精神愉快，甚至延年益寿。相反，不良的地理环境则常常使人情绪消极，身心不适，甚至导致疾患。江浙一带居民的食物以大米、蔬菜、鱼类为主，脂肪含量较少，加之气候、水土等地理原因，这里的女子一般身材苗条、面容姣好。民谚中的"米脂婆姨绥德汉，不用打问不用看"、"浑源的女子不用挑"更是地理环境对人的容貌影响的生动写照。地理环境对人口素质的影响也相当明显，直接影响到区域人口质量。人才的富集现象（人杰）与自然地理、人文地理环境（地灵）密切相关。中国的绍兴、宜兴、临川、蕲春（蕲州）等一些"才子乡"之谜诱人探究。

　　人的衣食住行从来都离不开自然环境，诚所谓"一方水土养一方人"。世界各地饮食习俗差异巨大，各地小吃五花八门，究其原因，是不同的地域生产不同的物产。世界各地的服饰更是异彩纷呈，从质地到式样，从色彩到工艺，一方面体现着不同地域人群的审美追求，另一方面也是地域环境影响在服装上的反映。民居虽然不像服饰和饮食那样品种繁多，但世界各地缤纷多彩的民居样式，是地域环境的一面镜子，也是人们旅游观光时重要的观赏对象。园林的差异固然有着皇家与私家的不同，但环境的影响也让我们随处可见。因为园林艺术并不以建造房屋为目的，而是将大自然的风景素材，通过概括与提炼，使之再现。它虽然为人工建造，但力求具有真山真水之妙，与自然环境融为一体，以达到身居闹市而享受山水风景的自然美与天然野趣之目的，园林寄托着人们对大地山河的眷恋之情。至于我们伟大祖先数千年前所创立的风水学说，更是基于对地理环境的深刻认识和对人与自然关系的自觉了解以及对生命与生活质量的理想追求。江河南北、长城内外多姿多彩的风俗民情，几乎无一不打下自然环境的深刻烙印。

一个人，在他一生的每个阶段，都与环境保持着密切的联系。从出生之前的孕育，再到出生之后的保育，都与环境相关联，所以有今天的"胎教"等优生优育，所以有古代的"孟母三迁"。人才成长、分布均与环境关系密切，自古道"人杰地灵"，人杰与地灵息息相关，地灵则人杰。

地理环境是人类社会的永恒载体，是社会历史发展的背景与舞台。人类历史的进程不能脱离时间—空间上特定的地理条件，我们一刻也不能离开自然环境，人类的一切活动都必须在地理环境之中进行，并与之发生水乳交融的关系。正是由于复杂多样的地理环境的影响与制约，人类才在地理环境这一舞台上演出一幕幕改造自然、改造社会的异彩纷呈、有声有色的"活剧"。

不同的民族生活在不同的环境中，逐渐形成各具风格的生产方式与生活方式，形成了多种文化类型。有大河灌溉的亚热带、暖温带为农作物的生长提供了优越的水热条件，故四大文明古国的农业最早得到发展；草原地带有着流动畜牧的广阔场所，于是成为游牧经济的温床；滨海地区拥有交通之便和鱼盐之利，工商业应运而兴。相应的，大河—农业文明的稳定持重，与江河灌溉下两岸居民农耕生活的稳定性有关；草原—游牧文明的粗犷剽悍、惯于掠夺，与草原多变的恶劣气候下"射生饮血"的生活方式有关；海洋—工商文明的外向开拓，则根源于陆上资生环境的不足，以及大海为海洋民族的流动生活提供纵横驰骋、扬帆异域的条件。总之，地理环境影响乃至决定生产方式，生产方式决定生活方式，生产、生活方式决定人的思维方式和行为方式。

地理环境不仅影响着宗教的宏观起源，同时也影响着它的微观分布。"天下名山僧占多"就是典型的例证。佛教追求"自我解脱""心灵净化"，他们总是希望到远离尘世、僻静幽美的地方创立栖身的寺院，以便摆脱世俗杂念，专心修行，以获佛果。于是便有了我国的四大佛教名山以及风景优美之处众多的寺院。道教为了追求长生、升仙，同样要借优美的山林石洞来修建修行的宫观，于是便有了"三十六洞天""七十二福地"之说。道教认为高耸的山巅与天接近，是通往天堂和极乐世界的捷径，最有利于升仙，因此道观大多建在名山的山巅。

环境与文学的关系是常论常新的话题。地理环境深刻影响文学的地域风格。诚如梁启超所言："燕赵多慷慨悲歌之士，吴越多放诞纤丽之文，自古然矣。……长城饮马，河梁携手，北人之风概也；江南草长，洞庭始波，南人之情怀也。散文之长江大河一泻千里者，北人为优；骈文之镂云刻月善移我情者，南人为优。"自然地理因素是文艺流派和地域人才群体产生的重要条件之一，因为共同的自然景观及乡风民俗容易形成共同的欣赏心理。如古代的山水、田园诗人多生活于"小桥流水人家"的江南，而边塞诗人则生活或活动于"大漠孤烟直"的西北。在古代，南方的民歌就有着与北方迥然不同的艺术风格。现代文学中的"山药蛋派""荷花淀派""北大荒派"以及"京派""海派"等，这些风格各异的作家群也与当地独特环境的熏陶有关。20世纪八九十年代的西部片《红高粱》《老井》《黄土地》的风生水起、名声大噪，无疑受惠于西北"骏马西风塞北"的地理环境。

地理环境也对绘画、音乐、摄影艺术产生影响，环境为文化艺术创作提供了丰富的原材料，山地、大海、森林、河流、村舍、城市、园林以及各种动植物，都是艺术创作的对象。"地理环境是艺术家的第一情人。"大自然还给书法家艺术创造灵感上的启迪，给书法家艺术修养和思想情操上的陶冶，因此古谚中曾有"行笔不成看燕舞，施墨无序赏花开"之说。不少书法艺术家喜欢将自然万物的物象与人的意象联系在一起，善于捕捉大自然中的美，巧妙地摹拟自然物的形态与神韵，自觉地将自然美融于书法的艺术美之中，从而使自己的书法艺术独具风采。

如此等等……

书画是书画家把胸臆展现在纸上，人类的文明成就则是把万千事功描绘在江河大地上。普天之下，芸芸众生，我们的一切无不与脚下的大地血肉相连，正像胎儿离不开脐带一样。可在这喧嚣浮躁的尘世，有多少人肯花些许时光来静心思考这样的问题？我们意欲借此书中的篇章与君对坐，不把酒盏，不话桑麻，只说说我们与大地母亲的血脉关系。朋友，你愿意吗？

人类篇

本篇在人类学、人口学与地理学结合的层面，从人类文化中的人口增长与分布、人的生理、人的心理与行为、人才成长与分布、美女的生成与分布、人的寿命几个方面，探讨人类与地理环境的复杂关系，试图揭示人与自然关系的诸多奥秘。

一、大地的子民——人口与地理环境

人口是对生活在特定社会制度、特定地域范围和特定时期内的、具有一定数量和质量的人的总称。人具有自然属性和社会属性，是自然属性与社会属性的统一体。人作为有生命活动的生物，必然要受到自然规律的支配和地理环境的影响与制约。

人与自然有着天然的血脉关系，人是大地之子。早在 20 世纪 60 年代，英国地球化学家汉密尔顿通过测定人体血液中各种化学元素的平均含量和地壳中各种化学元素的丰度值，发现两者之间非常相似，即地壳中丰度值高的元素，如铁、钙、钠等，在人体中含量也比较高。反之，丰度值比较低的元素，如锌、锰、钴等，在人体中含量也较少。他把含量较高的称作"生命结构元素"，含量较低的称为"微量元素"，并把地壳元素丰度控制生命元素的必需性这一现象称为"丰度效应"。现代科学研究表明，人口与环境、人的健康与水土环境更是有着密切而微妙关系。

人口与地理环境的关系，可以从地理环境对人口的繁衍增长、人口的分布、人口的迁移和人口素质几个主要方面的影响来说明。

1. 地理环境与人口繁衍、增长

适宜人类生活的地理环境有利于人口增长，如良好的气候条件，有利于人体健康和人口繁衍增殖，并减小人口的死亡率；反之，不适宜人类生存的地理环境，会损害人的身体健康，不利于人口的增长。世界上的人口主要集中于温带地区，这无疑与气候条件有一定关系。气候的变迁也影响到人口的自然增长，如公元前

5000 年至前 2000 年的气候条件较好，这是世界人口增殖较快的时期。而地球上的气候出现恶化的时期，则是世界人口增殖较慢的时期。这是因为严重的气候灾害可通过影响农业生产和粮食的供给间接地影响人口增长。地球上经常发生影响广泛的自然灾害会造成人口的死亡率的上升，使人口数量减少。据统计，仅 1964—1978 年全世界因自然灾害共死亡 65.3 万人，其中气候灾害造成的死亡人数占 70% 左右。此外，特殊的地理环境还直接影响到人口自然繁衍。例如在国内外，曾有"绝育区"、"女儿村"等报道，这可能与当地特殊的地质环境（微量元素含量）和环境污染等有一定关系。

现代科学研究表明，自然环境对人类的生育有一定影响。

通过大量科学统计，科学家们发现，人类的生育在某种程度上与自然气候有关。

婴儿出生的季节性波动：从 18 世纪到 20 世纪 50 年代，在所有实行生命统计的国家中，日本具有最明显的出生季节高峰，每年 1 月份和 3 月份出生的婴儿数最多，比月平均数多 60%～70%；每年 7 月份出生的婴儿数最少，比月平均数少 30%。最高峰值约是最低峰值的两倍多。[1]

双胞胎出生的季节性：1974 年，日本进行了大规模人口普查，调查了 12392 对双胞胎，发现大多数双胞胎出生在下半年。

性别与环境有关：经历 1952 年伦敦烟雾事件的父母，所生小孩中以女孩为多；在某些气候和环境中工作的人（如潜水员、麻醉师、飞行员等），他们的孩子多半是女孩。

有关专家研究表明，在自然环境、气候影响下，微小生物圈包

_____

① 洪志勇：《自然气候与人类生殖》，《湖北科技报》2000 年 11 月 21 日第 4 版。

括植物花粉、真菌孢子和各种微生物，也随着发生季节性变化。这些生物悬浮于大气中，作为大气因素的一部分而产生影响，导致动物和人类生殖能力随季节而变化。

日本科学家近年曾经汇总了一项地磁影响生育男女的调查结果。据称，地磁的强度不同会导致出生男女婴儿比例的差异。例如，在地磁强大的高纬度地区出生的婴儿中女婴居多，而在地磁较弱的低纬度地区出生的婴儿中男婴居多。该调查以欧洲 14 个国家的资料为基础，将男女婴出生率与地磁强弱进行了比较，结果表明，从整个平均值来看，男女婴出生比例为：女婴出生 1000 人，男婴出生 1069 人。在地磁为 51.2 微特斯拉的芬兰（地磁最强），女婴出生 1000 人，男婴出生 1044 人；而在地磁为 43.6 微特斯拉的葡萄牙（地磁最弱），女婴出生 1000 人，男婴出生 1080 人，男婴比芬兰多 36 人。

2. 地理环境与人口分布

（1）气候条件。气候直接影响人的机体与作物的生长，与人类的生产和生活关系十分密切。一般说来，过于湿热（如亚马孙河流域）、过于干燥（如撒哈拉沙漠）、过于寒冷（如南极洲、俄罗斯的西伯利亚地区及加拿大的北部地区）的气候区人口分布较少。这是因为，过于干燥或过于寒冷均不利农作物种植，而过于湿热的地区虽植被繁茂，但昆虫、细菌滋生迅速，疾病易于流行。比较起来，温润的气候区是最适于人类生产、生活的，这里水热条件较为适宜，人口一般较稠密。据有关资料统计和估算，温带季风地区的人口密度约为 175 人/平方公里，热带雨林地区人口密度约为 50 人/平方公里，沙漠地区的人口密度约为 4 人/平方公里，苔原、高寒地带仅为 1.2 人/平方公里。由此可见，气候条件对人口分布起着重要的制约作用。

（2）地形条件。地形对人口分布的影响突出地表现在海拔高度上。人口分布有趋近低平地区的倾向，这是由于海拔过高的地区，不仅气温、气压偏低，而且风速大，土层瘠薄，交通不便，不利于人们生产、生活。在人口密度上，平原一般高于山区。据有关资料统计和估算，全世界 0~350 米海拔高度的人口密度约为 84 人/平方公里，350~750 米海拔高度的人口密度约为 32 人/平方公里，750 米以上则低于 18 人/平方公里。

此外，坡向等地形要素及特定的地貌形态对人口分布也有一定影响。一般来说，阳坡与迎风坡以及冲积平原、山前冲洪积扇、河谷盆地、坝子、峁等地形区是人口分布较集中的地区。

（3）地质条件。地质条件对人口分布的影响是复杂和多方面的。如石灰岩地区，土壤贫瘠，漏水严重，植被贫乏，一般人烟稀少（如我国的贵州省）；在历史上的火山区和熔岩区，由于火山灰土壤肥沃，有利农耕，人口一般较稠密（如爪哇岛、吕宋岛及一些中美洲国家）。

此外，地质条件对人口分布的影响还表现在矿产资源的吸引力上，特别是工业革命后，这种表现非常突出，一般来说，煤炭、石油、铁矿等资源丰富的地区，是工业较发达、城市较集中、人口较密集的地区（如美国的东北部，我国的辽宁、河北等地区）。

（4）水体条件。水体是人类最基本的生存条件之一，江河湖海等天然水体，或者为人们提供水源，或者为人们提供方便的交通条件，自古就深刻地影响着人口的分布。四大文明古国文化发祥地均出现在大河的冲积平原，中世纪以来兴起的大小城市绝大部分都是沿江沿海分布，人口越来越向沿江地带集中是近现代人口分布的一个显著趋势。世界上大大小小的人口稠密区多分布于天然水体（海洋、江河、湖泊等）附近，这可以说是一个普遍规律。

（5）土壤条件。土壤是发展农业生产最基本的物质基础，各类土壤具有不同的肥力和适种性能，在一定社会经济条件的作用下，直接影响到人们对它的开发利用，进而影响到人口的分布。一般说来，冲积土、黑钙土及棕色森林土等地区，农业较发达，人口较密集；荒漠土、盐碱土、沼泽土、灰化土等地区的人口较稀疏。如我国山东黄河三角洲地区人口稀少的特征就与盐碱土的分布有关。

除上述自然地理环境因素的影响外，经济地理环境是影响人口分布的更重要的地理条件。当今经济发达的地区、工业区、城镇带等都是人口稠密的地区。例如，西欧、北美的五大湖流域、日本的太平洋沿岸和濑户内海沿岸、我国的长江三角洲和珠江三角洲以及京津唐、辽中等地区都是如此。

关于中国人口地理分布密度特征的一个经典模型是"胡焕庸线"。此线北起黑龙江省黑河、南达云南省腾冲划分中国人口分布为两个密度特征区（见图1）。1935年，著名地理学者胡焕庸提出黑河（爱辉）—腾冲线，学术界谓之"胡焕庸线"，首次揭示了中国人口分布规律。即自黑龙江瑷珲至云南腾冲画一条直线（约45°），该线东南半壁36%的土地供养了全国96%的人口，西北半壁64%的土地仅供养4%的人口，二者平均人口密度比为42.6比1。1987年，胡焕庸根据中国内地1982年的人口普查数据得出："中国东半部面积占目前全国的42.9%，西半部面积占全国的57.1%……在这条分界线以东的地区，居住着全国人口的94.4%，而西半部人口仅占全国人口的5.6%。"2000年第五次人口普查发现，胡焕庸线两侧的人口分布比例，与70年前竟相差不到2%，但是，该线之东南生存的人已经远不是当年的4.3亿，而是12.2亿。虽然中国拥有960万平方公里的国土，但真正适合人们生存的空间，却只是这300多万平方公里。胡焕庸线形成有其自然背景，"它是气候变化的产物"。中国科学院科技政策与管理科学研究所王铮教授认为，胡焕庸线通常被视为中国东南季风影响的分界线，而在 1230 年以前，气候形势并不如此。1230—1260 年的气候突变，基本奠定了中国现代气候的特征。由此时期开始，各种旱涝灾害特别是大洪涝灾害空间频率分布的走向与胡焕庸线日趋吻合，越到近代越明显。所以说，胡焕庸线表现出中国的现代气候特征。这也就是说，胡焕庸线是气候变化的产物。近代发现的 400 毫米等降水量线，是我国半湿润区和半干旱区的分界线，此线与胡焕庸线基本重合，也揭示出气候与人口密度的高度相关性。年降水量不足 400 毫米，土地便向荒漠化发展，呈现西北部的草原、沙漠、高原等景色和以畜牧业为主的经济，东南部降水充沛则地理、气候迥异，农耕经济发达。胡焕庸线形成的自然背景主要是气候差异，当然，地形、土地与土壤、植被等自然地理环境要素的差异和历史、文化等人文地理要素的差异也是不可忽视的原因。

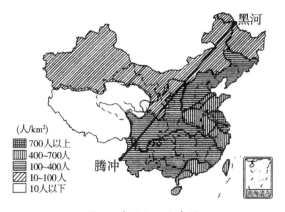

图 1　中国人口分布图

3. 地理环境与人口迁移

若两地的自然条件和经济地理环境在优劣上的地域差别过大，很容易导致较大规模的自发性的人口迁移。如历史上山东人"闯关东"、闽粤两省的人"下南洋"就是自发性的人口迁移，再如近些年来，我国大量人口由中西部地区流向东部沿海地带，深圳、海南大量外来移民就是例证。

地理环境的恶化也会导致人口大规模的迁移。如19世纪40年代末期，许多爱尔兰人迁往美国，就是由于长时期降雨过多的缘故。涝灾使马铃薯收成大减，造成饥荒，成千上万的农户和乡民不得不弃家出走，迁居美国。20世纪30年代，一场大旱使美国俄克拉荷马州柄状地带周围5个州的地区遍地干旱，结果许多农民逃离了这块灾难的土地，迁到加利福尼亚等地区。又如中国，黄河在下游地区经常决口泛滥改道。新中国成立前两千多年中，有文字记载的黄河泛滥就有1593次，比较大的改道26次，平均三年一决口、百年一改道。每当洪水泛滥时，大量人口流离失所，背井离乡，迁移他处。① 这是中国历史上人口迁移数量大、次数多的地区。在世界许多地区和历史上的各个时期都有因洪水、地震、火山爆发及其他环境灾变引起的大规模人口迁移。

4. 地理环境与人口素质

地理环境对人口素质的影响也是相当明显的。自然地理环境和人文地理环境均直接影响到区域人口质量，这里以我国为例说明。自南宋以来，江浙一带是我国杰出人才的荟萃之地。例如《世界

---

① 郭豫庆：《黄河流域地理变迁的历史考查》，《中国社会科学》1989年第1期。

著名科学家简介》中首次收入我国科学家 104 名，江苏人占 13 名，浙江人占 21 名，江浙两省共占总数的 32.2%。另据有关方面统计，载入史册的浙江籍文化名人已逾千人。① 这种地域人口质量优势与地理环境有不解之缘。江浙一带与大江相伴，和海洋为邻，位置优越，交通便利，气候温润，山清水秀，土地肥沃，都市发达，经济繁荣。自古有"苏湖熟、天下足"之谚。经济繁荣正是文化繁荣的背景，文化繁荣则是人才辈出的前提，而自然地理环境又是最根本的物质基础。与此相反，那些自然条件恶劣、交通闭塞、经济落后的地区则是人口素质低下的地域。据 20 世纪 90 年代有关资料统计，有"地无三尺平，天无三日晴"之称且位置边远、经济落后的贵州少数民族地区，文盲、半文盲比例高达 70% 左右。湖北西部山区的某县 20 世纪 80 年代人口中就有 8124 户家中有智力低下等残疾人，其中全家都是智力低下人达 1114 户，令人触目惊心。由于特殊地理环境的影响，在我国还有"傻子村"的现象。某山区的一个山头居住的山民聪明灵秀，而另一个山头的山民愚笨痴呆，问及原因，答曰"水土不同"。此外，一些与自然环境直接有关的地方病，如克山病、大骨节病、大脖子病等也严重影响到人口的身体素质，导致人口质量的降低。

另据研究，人口素质与宇宙时空环境的变化也有一定关系。当今科学家在研究人口素质时，发现人口优生与太阳的周期变化相关，这是由于太阳风暴的发生会影响生物 DNA 的合成，而人的生殖细胞和胎儿的生长需要平稳理想的物理化学环境，选择太阳活动相对稳定的年代生育有利于优生。前些年俄罗斯两位科学家研究发现：近 400 年中有 18 个降生天才的峰值期，所有这些峰值期都在

① 曾少潜主编：《世界著名科学家简介》，科学技术文献出版社 1982 年版。

太阳活动相对稳定的年份，例如 1825 年前后是太阳活动相对稳定的年份，这一时期孕育出了小约翰·施特劳斯、托尔斯泰、基尔霍夫、开尔文等众多天才人物。有人曾对《世界人物大辞典》中的名人出生年代做过统计，得出了名人出生的高峰多在太阳活动相对稳定的年份的结论。人口素质与宇宙时空环境的关系目前已成为周期地理学研究的课题之一。

　　总之，地理环境对人口的影响是广泛而深刻的。但是，随着科学技术的进步，社会生产力的发展，某些影响将趋于减小，人类将逐渐改造不利的环境，创造一个更加适合人类生活的环境。

二、自然的造化——生理与地理环境

1. 地理环境对人体生理解剖特征形成的影响

地理环境对人的生理解剖特征形成的影响，最有力的例证是由猿到人的进化过程及种族的分化形成中的自然力量的作用。

在由猿到人的进化过程中，地理环境对于种族的形成和不同地带人的体表形态及生理解剖特征具有决定性的影响。古人类在进化发展中，经历了早期猿人—晚期猿人—早期智人—晚期智人—现代人五个阶段。其中进入智人阶段后，古人类就开始了种族的分化和自身的改组。由于人们所处的地理环境不同（主要是地带气候的差异），外因通过内因而起作用，便发展分化出各种各样的种族。此后，由于自然选择和遗传的作用，这些不同种族的人种特征被逐步巩固下来。

例如，在赤道附近地带（如现今非洲中部等地），在强烈的阳光照射和遗传的作用下，便形成了黑种人。黑种人的人体中大量的黑色素有吸收紫外线的能力，可以保护皮下的血管、神经、肌肉免受紫外线的直接侵袭与伤害。黑种人的头发呈卷曲状，整个头顶被卷曲疏松的头发覆盖着，疏松的头发里充满空气，像一顶"凉帽"，起着良好的隔热作用。人在炎热的气候下，要求呼吸相对急促而通畅，及时交换热量，所以黑人鼻子宽而短，鼻孔粗大，脖子较短。此外，黑人的厚嘴唇外黏膜和身体汗腺都较发达，也有助于适应水汽蒸发和利于散热。真正的黑人的身材一般都较矮小（如生活在热带雨林中的刚果俾格米人平均身高只有 144 厘米），这是因为气温高，致使黑人的"生长期"短，新陈代谢快，物质积累较少的缘故。同时，这也是对炎热环境的适应，身材矮小，则单位体积对应的表面积较大，利于散热。在高纬度地区，阳光终年斜射，天空多云，气候寒冷，于是成为白种人的故乡。白种人皮肤白、头发黄、眼睛蓝，与阳光照射微弱的环境相适应。白种人鼻子高、鼻道长、鼻孔狭小，鼻尖下呈爪状（尖、钩），脖子较长，体毛发达，同那里寒冷的气候有关。因为鼻尖的尖钩和鼻孔的狭小可以阻滞部分冷空气，使适量冷空气进入鼻道，狭长的鼻道和较长的脖子可以预热、缓冲冷干空气，使之不对呼吸道和肺部构成危害。发达的体毛，则起保暖作用（人种进化中适应环境的遗传原因所致）。与黑人的身高形成鲜明的对照，白种人一般身材高大，如北欧成人平均身高在 175~179 厘米。17~25 岁的挪威青年目前平均身高为 179.7 厘米，为世界之最。寒冷的气候致使他们"生长期"长，新陈代谢缓慢，物质积累较多；高大的身材致使单位体积对应的表面积较小，失热也就减少，则利于御寒。道理很明显，位于中纬度地带的黄种人，其肤色、毛发、身高、脖子及鼻子的长、宽、形态等都处"适中"的状态，体现了黑种人与白种人的过渡特点（见图 2）。

以我国的人体容貌和五官特征来看，北方人的鼻梁直而长，鼻孔比较狭窄。例如，东北三省的人，鼻端平均宽度为 38 毫米。而典型的"南方鼻梁"通常没有北方人挺直，软骨常向上翘，鼻孔较北方人宽一些。例如，海南和两广地区的人鼻端平均宽度为 40 毫米，鼻孔短而宽。此外，南方人的嘴唇较北方人的嘴唇要厚一些；南方人的眼睛的开度较北方人的眼睛的开度要大一些，南方人的眼睛外形大而圆且双眼皮居多，北方人的眼睛外形细而长且双眼皮较少；在肤色上，南黑北白，皮肤色度的梯度变化明显。生活在高原地区的人，肤色较深，人的面部常呈现片状或团块状的紫红色

图 2　不同人种的容貌

斑块，即所谓的"高原红"。究其原因，都与地理环境特别是气候有关，可谓"容貌天成"。

英国牛津大学的科学家研究发现，人的脑袋或头型与地理纬度有一定关系。如居住地离赤道越远人的脑袋就越大，这是科学家对全世界 12 个不同居住地的 55 个人的头颅进行研究得出的结论。研究人员说，测量脑腔的结果表明，脑袋最大的是欧洲的斯堪的纳维亚人，脑袋最小的是大洋洲的密克罗尼西亚人。就头形而言，寒带和北温带地区的人头颅较大，头型较圆，脸部较平。这都可能与气候条件和遗传因素的共同作用有关。

人的肤色大体呈明显的纬度性，即纬度越低，肤色越深。如前所述，高、中、低纬度分别成为白、黄、黑种人的故乡。黑种人主要分布在干热、低纬度的热带高原大陆，即非洲；棕色人种主要分布在湿热多雨的热带岛屿上；黄种人主要分布在中温带、南温带和亚热带；白种人主要分布在寒温带。即使同一肤色的人种，肤色的深浅亦随纬度的变化而有差异：如南欧人比北欧人肤色深。这种肤色的差异，是由人体的黑色素浓度变化造成的，黑色素含量的多少决定着皮肤颜色的深浅。而日光中的紫外线，可以加速和促进人体中酪氨酸变为黑色素这一化学反应过程，因而提高了黑色素的浓度，皮肤颜色就变黑了。

上述这种种族的生理差异，主要是不同地理环境作用和遗传作用的共同结果。

近年我们常常还见到对特殊人群的报导，如"巨人岛""矮人国""盲人村""女儿乡""长寿村"等，这都是人类在某些特殊自然环境影响下的结果，例如在临床上严重缺氧的患者，其口唇、指甲及皮肤黏膜处，会呈青紫色。而在智利海拔 6600 米高的奥坎基尔查峰山区，终年积雪不化，空气含氧量仅 1%，世世代代生活在这种空气稀薄、气候寒冷的自然环境中，逐渐形成了特殊的"蓝种人"。

2. 地理环境对人体发育水平的影响

人类的生长发育水平，除了受遗传、疾病、营养、经济、文化、民族等因素的影响外，还明显地受居住地区的地理环境的影响。例如，人的体形和身高是其群体受地理环境影响，并通过遗传基因传给后代的。地理环境对我国人体生长发育水平的影响，主要表现在纬度位置、海陆位置、日照条件、海拔高度以及人文地理因素等方面的作用。

（1）纬度位置的影响。我国幅员辽阔，南北相距 5500 公里，跨越纬度约 50°，许多自然现象和社会文化现象在南北上存在差异。从人体身高上看，南北就存在着一定差异，即身高随着纬度的增加有明显递增的趋势。早在 1921 年，我国学者李济民在《中国人种之构成》一文中曾指出，在已测定的 18 个省中，身高变量为 141~186 厘米，平均为 165 厘米；广东、广西、云南、四川等省人的身高为中等偏低；江苏、安徽、甘肃、山西等省人的身高为中等，山东、河南、陕西等省人的身高为中等偏上。1978—1980 年国家体委、教育部、卫生部联合组织对全国 16 个省市的 18 万多大、中、小学生体质调查材料表明，北京、沈阳、哈尔滨 18~25 岁男女青年的身材偏高；西安、兰州、武汉的男女青年身材居中；成都、昆明、广州的男女青年身材偏低。若以秦岭—淮河一线为界，7~25 岁各年龄组男女青少年、儿童平均身高，北方要高出南方 1.2~1.6 厘米。20 世纪 80 年代胡承康先生等人对全国 28 个城市 18 岁的青年发育水平做的抽样调查数据表明，在纬度相近的城市中，哈尔滨、北京等城市青年平均身高在 173 厘米以上；西安、杭州等城市青年身高在 170 厘米左右，而纬度较低的广州、南宁等城市青年身高在 167~169 厘米。

随着纬度的由高到低，人的身高也相应地由高到低，这是世界各地的共同规律。放眼世界，如居住在北欧的芬兰、瑞典、挪威和丹麦的人，大多身材高大魁梧，男性平均身高可达 178 厘米左右；往南到了纬度稍低的中欧国家，身高便有所下降；再往南到了西班牙、葡萄牙、意大利南部和希腊南部的地中海地域，人的身高就更矮一些，男性平均身高 170 厘米左右。

究其原因，这可能与纬度密切联系的气温因素作用于人体有关。因为气候影响人体的生长速度和发育时间。如同前述，生活在低纬度地区的人，由于气候炎热，人体新陈代谢较快，发育相应较早，人体的骨骼生长时间相对来讲就会缩短，骨骺闭合就早，骨骼生长也会停止，人体就不容易长高；而生活在高纬度地区人，由于气候寒凉，人体新陈代谢较慢，发育相应较晚，人体的骨骼生长时间相对来讲就会延长，骨骺闭合就晚，骨骼生长也会延长，人体就容易长高。同时，发育早的人，停止发育的时间也早，相对发育期要短一些；发育晚的人，停止发育的时间也较晚，相对的发育期要长一些，相应身高的增长期也要长一些。同时，高纬地区气候寒冷，身体高大，单位体积对应的表面积较小，因而散热较少，有利于抵御风寒；低纬度地区气候炎热，身体矮小，单位体积对应的表面积较大，利于散热。这都是人体适应环境和自然选择的结果。所有这些，使得高纬度的人身材一般要高于低纬度的人。此外，可能还与空气湿度、水土、主食等有关。纬度较高的北方，较低的气温和较低的相对湿度，有利于改善空气质量，从而提高呼吸和心血管系统的功能，有利增强骨骼、肌肉的兴奋性和灵活度，助长人体发育；北方地区水土富含钙质，主食面粉中的蛋白质、脂肪、钙、磷、铁的含量均高于南方主食大米，北方食物中的肉、奶比重高于南方（尤其是草原牧区），这些均能影响到人体的发育。

（2）海陆位置（经度位置）的影响。据 1978—1980 年调查统计，我国同纬度的沿海地区人体身高与内地人体身高的差异也是明显的。如上海（北纬 31°10′）、武汉（北纬 30°30′）和成都（北纬 30°40′）纬度位置相近，但上海 18~25 岁男女青年的平均身高分别为 171.7 厘米和 159.9 厘米，都高于全国城市同龄男女的平均身高；武汉 18~25 岁男女青年的平均身高分别为 170.2 厘米和 158.8 厘米，相当于全国城市同龄男女青年的平均身高；成都 18~25 岁男女青年的平均身高分别为 168.4 厘米和 157.2 厘米，都低于全国城市同龄男女青年的平均身高。另有调查统计也表明，纬度相近、经度不同的城市中，经度较高的地区（即离沿海愈近的地区）人体发育水平也相应较高，如北京市高于乌鲁木齐市，济南市高于西宁市，杭州市高于成都市。

究其原因，这可能与经济地理环境与自然地理环境的双重因素作用有关。从经济地理环境上看，沿海地区经济较发达，生活水平较高，膳食营养也较丰富，使得人体发育水平较高，人体身高高于经济水平较差的内地。从自然地理环境上看，远离海洋的内地，容易导致环境中缺乏人体所需的某些化学元素。在我国，东西跨越经度60°以上，横距约5000公里，地形复杂多样，西部多高大山系，内地受海洋影响微弱。而人体所需要的某些微量元素（如碘），蓄积场所主要是海洋，来自海洋的水汽和微细尘粒与大气混合后，在一定条件下会流向大陆。如果某内地距海遥远或被高山阻挡，空气中的碘元素的含量就缺乏，最终导致人体内碘元素等不足，影响人体生长发育水平。例如，新疆由于深居内陆，是我国碘缺乏的典型地区，全区缺碘病人口达1435万，其中达坂城有20%的人患有甲状腺肿大。

（3）日照条件的影响。据调查，气候中的日照条件与人体发育水平关系很大。例如，年日照时数较少（1200~1900小时）的成都、南宁、贵阳、福州、长沙等城市的青年身材较矮，男性身高为165~168厘米，女性为154~157厘米，男女平均发育分（由身高、体重、胸围三项指标计算的综合发育水平）为89.5分，而年日照时数为2574~2780小时的石家庄、沈阳、长春、哈尔滨、济南等城市的青年的身材较高，男性身高为172~174厘米，女性为159~162厘米，男女平均发育分为110分。典型的如四川，该省年日照时数为826.6小时，男子平均身高在全国倒数第二，女子平均身高在全国倒数第三。

据医学研究，日照直接影响到人体发育水平，充足的日照使皮肤中的7-脱氢醛固酮转变成人体发育必需的维生素D，易促进体内钙磷的吸收和利用，有助于骨骼发育。日照时数少，日照率低，则会影响人体骨骼的骨化过程，使得身高等发育水平较差，甚至造成较多的佝偻病患者。

（4）海拔高度的影响。另据调查统计，我国海拔较高地区的人体发育水平低于海拔较低地区的人体发育水平。如海拔高度为 10 米以下的天津、上海、南京等城市，男性身高为 171～173 厘米，女性为 159～160 厘米，男女平均发育分为 108.9 分。而海拔在 1000 米以上的西宁、贵阳、兰州等城市，男性身高为 167～170 厘米，女性为 155～159 厘米，男女平均发育分为 92.7 分。

海拔高度对人体发育的影响，可能有这两个方面原因：一是随着海拔高度的增加，大气压及其氧分压相应下降，这种低压低氧环境将直接影响人体呼吸器官的功能，并间接影响到其他器官及骨骼、肌肉的发育；二是海拔较高的地区，一般经济较落后，生活条件、营养水平相对较差，加之自然环境中缺乏碘等微量元素，至今一些地方性疾病如甲状腺肿、克山病、呆小症等及其对遗传的影响尚未完全消失，这些均使得人体发育水平相应较差。

3. 地理环境与人体疾病的关系

据"医学地理"研究，许多地方性疾病，如克山病、大骨节病、地方性甲状腺肿、氟中毒等直接与地理环境有关，如克山病在地理分布上具有明显的地方性；在地貌上，病区多位于受侵蚀淋溶的山地、丘陵、岗地；在气候上，病区年平均气温为 0～15℃，年降水量在 400～1200 毫米，气候的年变化和季节变化与克山病发病的年度波动性和季节性相关；在土壤上，克山病主要分布在缺硒的棕褐土系列及其相邻的过渡土壤，如暗棕壤、棕壤、褐土、黑土、黑垆土、紫色土、褐红壤等（这是影响克山病的最主要因素）。因此，人们认为这些疾病是"水土病"，即由于水土环境不良而引起的疾病。

近年我国环境科学工作者和医学工作者研究表明，目前患病率高、死亡率大的癌症与环境地域特点及环境污染有关，有人曾经绘制过"中国癌症地图"。癌症的分布有明显的地区性和地带性,有集中高发的现象(如江苏启东每 19.5 小时就有一名肝癌患者死亡,江苏扬中每 14 小时就有一名消化系统癌患者死亡)。《新世纪》周刊曾有报道,淮河流域食道癌死亡率比大陆平均死亡率高出数十倍,其中沙颍河岸边的一个不足千人的村庄,就有 200 多名村民被检查出胃癌、肝癌、食道癌、肺癌、乳腺癌等各种癌症,陆续去世。2013 年 2 月,我国环保部公布《化学品环境风险防控十二五规划》,首次承认中国一些地区出现"癌症村"。距淮河支流沙颍河百米远的安徽省颍上县新集镇,是一个不足 1000 人的小村落。十余年来,有近 200 村民因患各种癌症死亡,包括胃癌、肝癌、食道癌、肺癌、乳腺癌等。有三分之一的村民目前患有肝炎。①

癌症分布的地区性与特定的地域环境有关,其地带性也与一定的地理纬度相吻合。例如胃癌较多地分布于中高纬地带,肝癌主要分布于中低纬度地带,食道癌的高发区主要位于中亚和东南亚等地区。

我国消化系统癌症分布的地区性尤其明显,环境特征极为显著,林年丰教授研究认为,癌症高发环境可分为山区型、岩溶山区型、水网平原型和三角洲平原型几种主要类型,其病因与环境关系如下:

山区型:气候较干旱,植被稀少,基岩裸露,地表径流较贫乏,是严重缺水区。环境卫生不良,水质污染严重,居民多饮用旱水井、塘水、池水和浅井水。人民生活水平较低,食物较单一。本类型以太行山中南部食管癌高发区为代表。

岩溶山区型:气候湿热、雨量充沛、岩溶发育、峰林槽谷地貌

---

① 淮河边有数十"癌症村",http://club.china.com/data/thread/1011/2767/84/79/5_1.html。

构成了特殊的水文地质条件，地表径流较少，地下暗河却十分发育。年降水量虽高达 1200 毫米，但仍然是个严重的缺水区。居民多饮用质量恶劣的塘水、塘边渗井水，部分采用溪水和渠水。本类型以广西南宁肝癌高发区为代表。

水网平原型：位于河流下游的水网地区。气候湿热，雨量较多，地势低洼，河渠纵横，潜水位高，地表水丰富，水流滞缓，循环不良。湖塘洼地星罗棋布，湖沼相沉积物发育，土壤中腐殖质较丰富，硝酸盐、亚硝酸盐较高，地表水普遍受到污染。居民的饮水极不卫生。本类型以苏北等食管癌、肝癌高发区为代表。

三角洲平原型：本类型与水网平原型相似。所不同是海陆交互相沉积物发育。在三角洲地带沼泽发育，土壤中腐殖质丰富，盐分含量较高。在湖沼地带及河渠末梢水流滞缓。尤其是在防潮堤内长期积水形成池沼，沼气逸出，构成了封闭的还原环境。该区人烟稠密，工农业发展迅速，环境污染日趋严重。癌症高发区的居民均饮用沟渠水和塘水。本类型以长江三角洲、珠江三角洲癌症高发区为代表。

癌症高发环境的形成有原生的基础和次生的影响。前者包括地貌、地质、地球化学及水文地质等条件。后者表现为人们对环境的改造和利用状况，如密集水网化的形成，防潮堤的兴建，桑基鱼塘的建立等。人们对地表水只引不排，只利用不保护，导致地表长期积水，水土环境不断恶化。再加上工农业污染的加剧，环境容量早已呈现了"负值"。社会的经济基础、居民的饮食习惯等构成了独特的人文环境，可见癌症高发环境是由上述的自然地理环境和人文地理环境所组成的，而致癌因子产生并持续存在于该特定环境中。

此外，许多寄生性疾病也直接或间接地与居住区地理环境特别是与气候有一定关系。例如，特殊种类的"热带病"广泛分布于除非洲的东部地区和马达加斯加以外几乎全部热带非洲，它们不仅传播沉睡病和疟疾，而且伤害人和家畜。一些传染病如鼠疫、兔热病、皮肤利什曼病、壁虱性脑炎等也与特定的地理环境有关。如地方性鼠疫常常发源于降水量较少的干枯草原和半沙漠地带，这些病原体的主要带菌者是栖息在欧洲和非洲的旱獭、沙黄鼠以及美洲的草原犬鼠和原仓鼠。壁虱性脑炎主要发源于欧洲的原始森林地区。

近年，国外一些学者还研究了宇宙环境、天体运行（如月亮盈亏等）与人类健康的关系，研究结果表明，心脏病、出血性死亡、精神失常以及自杀等多发生在月亮的满月前后，原因是人体里80%是液体，而月球引力对人体内液体物质所产生的影响，如同它对地球上海洋潮汐的影响一样。

三、居山者仁，临水者智
——心理行为与地理环境

辩证唯物主义认为："心理是人脑对外界客观事物的反映。"而地理环境则是最普遍、最基础、最重要、最宏大的客观事物或现实世界，它深刻作用于人的心理与行为。关于地理环境对人的心理的影响，我国古代学者刘勰进行过一些研究，其《文心雕龙·物色篇》说明了心理世界与地理环境的关系，如"春秋代序，阴阳惨舒，物色之动，心亦摇焉……献岁发春，悦豫之情畅；滔滔孟夏，郁陶之心凝；天高气清，阴沉之气远；霰雪无垠，矜肃之虑深"。其大意是："春和秋交替着，阴沉的天气使人感到凄凉，暖和的天气使人感到舒畅，景物的变化，使人的心情也跟着动荡起来……新年春光明媚，情怀欢乐而舒畅；初夏阳气蓬勃，心情烦躁而不宁；秋天天高而气象萧森，情思阴沉而深远；冬天大雪纷纷渺无边际，思虑严肃而深沉。"这可以说是我国最早研究自然环境与人的心理的关系的系统论述。近年来，有人研究和论述过气候与人的性格、天气与人的心理的关系。有人研究认为，纬度和气候在一定程度上决定民族性格。越是趋于寒带，阴霾越重的地区，民族性格越严谨和缜密；反之，越是趋于热带，晴朗阳光普照的地区，其居民的性格就越是任性（或自由）和浪漫。天气对于人的心理影响更是显而易见的，如风和日丽——赏心悦目；雨过天晴——心平气和；秋高气爽——心旷神怡；烈日炎炎——烦躁；雷电交加——恐惧；暴雨将至——沉闷；春雨纷纷——多思；秋风萧瑟或秋雨连绵——忧思。

　　地理环境对人的心理影响关系很大。优美的环境对于人的心理产生良好的积极影响，使人心情舒畅，精神愉快，甚至有助延年益寿。据研究报道，在保加利亚的莫斯利安山村里，有 65 位百岁以上的老年人，其主要原因与当地优美宁静的地理环境有关。"浙江在线"2007 年 10 月 20 日报道，浙江奉化市的南岙村荣获"中国长寿村"称号（人均寿命 80.9 岁），其原因也与优美宁静的自然环境有关。优美宁静的环境还有利于激发人们的灵感，许多科学家、文学家、艺术家常能在风景如画的游览胜地产生创作冲动，原因也在于此。如世界圆舞曲之王施特劳斯，在位于东阿尔卑斯山的维也纳森林里饱赏了飞鸣的流泉、低吟的微风、芬芳的空气和悦耳的鸟语之后，创作了风靡全球的乐曲；中国著名诗人、作家、翻译家、儿童文学家谢冰心的许多作品是在大海的怀抱里产生的；当代文豪郭沫若曾多次谈到，秀丽的四川乐山风光，从小陶冶了他的性情，每当他置身于壮丽河山的怀抱时，便诗潮如涌，他说他的许多优秀作品常常产生于饱览了胜景佳境的风采之后。相反，不良的地理环境则常常使人情绪消极，感觉迟钝，心理麻木。例如，随着都市化的发展，都市环境与居民心理的关系已成了心理学家的重要研究课题。人们研究发现，都市环境使人与自然隔离了，降低了人的优越感和与环境的亲和感。人们在现代化的摩天大楼面前，往往会感到渺小；在车辆如流的街道上，往往觉得自己是障碍；在坚硬的混凝土、钢铁设施面前，又会自叹软弱无力。长期生活在这种"硬化的环境"里，人们不知不觉地产生的忧伤和自卑心理，会使人的尊严受到威胁。人们发现，都市居民由于混杂居住在高楼大厦，彼此互不相识，平时关门闭户，"鸡犬之声相闻，老死不相往来"，从而在心理上无形地造成了孤僻、冷漠、自私等不良性格，人们之间互助精神差，人际关系和群体观念淡薄，这些都直接或间接地对社会产生重大影响。因此，许多城市建设部门聘请心理学家，请他们从心理学的角度来考虑城市设施，改善城市环境。

地理环境还深刻影响到人的气质、性格等心理特征或心理品质。法国学者 J. 博丹（1530—1596 年）曾说过："一个民族的心理特点取决于这个民族所赖以发展的自然条件的总和。"法国著名的文艺理论家和史学家丹纳（1828—1893 年）认为，种族个人不是孤立的，也要受到自然和社会环境的影响。他以浪漫的笔触描写了地理环境与人的性格的关系："因为人在世界上不是孤立的；自然界环绕着他，人类环绕着他；偶然性的和第二性的倾向掩盖了他的原始的倾向，并且物质环境或社会环境在影响事物的本质时，起了干扰或凝固的作用。"民族间的深刻差异往往源于所居的地理环境，气候的不同、地域的差异将影响居于其间的种族的性格。日耳曼民族和希腊拉丁民族之所以显出巨大的差异，主要是由于他们所居住的国家之间的差异。丹纳认为："有的住在寒冷潮湿的地带，深入崎岖潮湿的森林或濒临惊涛骇浪的海岸，为忧郁或过激的感觉所缠绕，倾向于狂醉和贪食，喜欢战斗流血的生活；其他的却住在可爱的风景区，站在光明愉快的海岸上，向往于航海或商业，并没有强大的胃欲，一开始就倾向于社会的事物，固定的国家组织，以及属于感情和气质方面的发展雄辩术、鉴赏力、科学发明、文学、艺术等。"在我国曾有"居山者仁，临水者智"或"山生仁者，水生智者"的说法。生活在不同地理环境或文化区域的人们，性格总是有差异的。《史记·货殖列传》指出：关中丰缟一带民有"先王之风""重为"；中山一带男子"悲歌慷慨"，女子"游眉富贵"；燕赵之民多"雕悍少虑"；齐人"宽缓阔达""足智""好议论"；邹鲁人"好儒""俭啬"；西楚之民"剽轻易怒"；南楚之民"好辞""巧说""少信"；赵人"浇薄"；海岱之人壮；崆峒之人武；燕赵之人锐；凉陇之人勇，韩魏之人厚。而到了当代，有人通过人群性格评价了中国十多个城市的特点——北京：最大气的城市；上海：最奢华的城市；大连：最男性化的城市；杭州：最女性化的城市；南京：最伤感的城市；苏州：最精致的城市；武汉：最具流动感的城市；厦门：最温馨的城市；广州：最说不清的城市；重庆：最火爆的城市；深圳：最有欲望的城市。

现代心理学家研究认为，不同地域环境中的人类群体有着不同的心理与性格特征。生活在草原的人比较剽悍；生活在平川的人比较机警；生活在北方的人性格比较豪爽；生活在南方的人情感则较细腻；住在海边的人往往较坦荡、开放；住在深山的人往往较朴实、狭隘和保守。有学者研究认为，我国西北地区的人的情感反差很大的特殊心理特征，主要是由于特殊地理环境"教化"的结果。西北人的情感反差大突出地表现在待人上，如果认定你是个好人，对你热情仗义，甚至可以为你两肋插刀、肝脑涂地；假若认定你是个坏人，则疾恶如仇，横眉冷对，与你不共戴天，老死不相往来。正像一首通俗歌曲所唱的，"爱要爱个死，恨要恨个够"。这种心态行为与该地区特殊的环境作用有关。大家知道，西北地区自然环境变化极大，气温上，可以早穿皮袄午披纱；降水，要么长时滴雨不下，要么顷刻暴雨如注；风，要么热浪炙人，要么寒冷凛冽；河流，要么断流干涸，要么泛滥决堤；土地，要么是水草丰美的绿洲，要么是荒凉干旱的荒漠；同是一山，山顶冰雪透凉，山下黄沙滚烫……人类是自然之子，大自然好比孩提的母亲一样，是人类的第一位老师，西北地区地理环境的"极端行为"时时处处在潜移默化地影响着人类，使西北人在心理、行为上深深地打下了"自然烙印"。不仅情感如此，连新疆的舞蹈亦是这样——节奏鲜明、动作激烈，可谓大起大落、变化很大（见图3）。

从不同地方的人吵架、打架的方式不同，就可看出各地人不同的性格。有人总结说，黑龙江人是先吵后打，吵得火起，或恼羞成怒，才大打出手；山东人是先打后吵，三句不合，便动起手来，打

图 3 新疆舞蹈

完之后，再说个是非曲直；西藏人是只打不吵，对手倒下后，胜者扬长而去；四川人是只吵不打，吵得一塌糊涂，拳头始终没有举起来（但原属于四川的重庆人例外，素有"重庆娃儿砣子硬"之说。原因是重庆"火炉山城"与"巴人遗风"孕育了重庆娃儿火爆脾气）；只有湖南人是边吵边打，文韬武略一起来，整一个文武全才。所以这里会出现文韬武略、自成一家的曾国藩吧！

在我国，南方人与北方人的差别是显而易见的。北方人高大强壮，南方人瘦小灵活，北方人大多豪放粗犷，热情外向；而南方人则多感情细腻，稳重内向，善于算计。这同地理环境的作用有一定关系。庄驹先生在《人的素质通论》中分析认为：中国北方，少山多平原，放眼四眺，周围几十里一览无余，所以北方人的性格多为豁达爽朗、大方而不拘小节。南方则相反，多山地、河流而少平原，地形多阻隔，条块分割严重，山高谷深，峰回路转，人们的视野被禁锢在狭窄的空间内，再加上人多地少，只得精耕细作，从而养成精打细算、小心谨慎、善于利用现有资源发挥聪明才智的思想习惯。同时，南北方的气候差异，也给人的心理素质与性格特征带来不同影响。例如，南方气候温和湿润，风和雨细，各种花草树木争荣斗艳，生机盎然，使南方人养成了温柔活泼、感情丰富而细腻的性格；而北方的气候比较寒冷干燥，植物稀少，景观单调，环境质朴。因此，长期生活在北方的人多形成冷静、单纯、朴实、粗犷的个性。此外，北方人保守，南方人开放；北方人粗犷厚道，南方人细腻精细；北方人敢作敢为，南方人三思而行；北方人讲究交情信义，南方人讲究利益实惠；北方人强悍，南方人柔弱；北方企业家敢于大胆管理，南方企业家擅长灵活经营；北方学者善于实用之学，长于实地考证，野外勘察，而南方学者善于抽象之学，长于静安沉思、推究事理……都可找出自然地理和人文地理背景上的原因。

蔡栋等在《南人与北人——各地中国人的性格和文化》中曾经精辟地论述了地理环境与人的性格特征的关系。该书中提到的一些人文地理现象耐人寻味。如：北方人豪爽英武，是否粗鲁好斗？南方人精明能干，是否刁钻圆滑？北京人文雅散淡，是否懒惰奴性？上海人机灵细致，是否小气狭隘？两广人务实进取，是否浅薄迷信？湖南人勤勉旷悍，是否褊狭任性？江浙人风雅巧智，是否孱弱虚荣？山西人朴实恒毅，是否土气鄙陋？安徽人俭朴尚学，是否躁急木讷？山东人淳厚朴拙，是否愚忠刻板？湖北人随和机巧，是否难以捉摸？西北人质直侠气，是否保守好闲？河南人坚忍平和，是否贪财尚力？东北人豪迈剽悍，是否强横霸道？西南人刚柔互济，是否轻懦易足？这些说法不一定很确切，但是可以从人地关系上或多或少探究出一些原因。

居住在温暖宜人的水乡的人们，因为水网海滨气候湿润，风景秀丽，万物生机盎然，所以，人们往往对周围事物很敏感，比较多愁善感，也很机智敏捷。山区居民，因为山高地广，人烟稀少，开门见山，长久生活在这种环境中，便养成了说话声音洪亮，处事直爽，待人诚实的性格。生活在广阔的草原上的牧民，因为草原茫茫，交通不便，气候恶劣，风沙很大，所以，他们常常骑马奔驰，尽情地舒展自己，性格豪放，热情好客。然而，长期生活在城市中的人们，高楼林立，企业众多，人口稠密，气温较高，降水相对较少且变率较大，空气不够清新畅通，这种憋闷的环境常使城市人形成了孤僻、忧郁、焦躁的性格。

地理环境特别是气候还深刻影响到人的行为特征。例如，居住在"火炉"城市（如武汉、重庆等）的人，脾气大多不好。如《旅伴》2014 年第 9 期就刊载过标题为"烂天气是坏脾气的罪魁祸首"的文章。文章中说"武汉只有两个季节，只有冷得要死的冬天和热得要命的夏天"。长期在这样气候环境中生活的人的脾气怎么好得起来呢？生活在热带地区的人，酷热的气候常使人心烦躁，坐立不安，那里的人性格较粗鲁，易暴躁和发怒，相互之间常常为区区小事而生气甚至打架斗殴，民事纠纷较多，社会治安管理难度较大；而居住在寒冷地带的人，大部分时间在一个不大的空间里与别人朝夕相处，养成了和睦、温柔的性格，具有较强的耐心和忍耐力。如生活在北极圈内的爱斯基摩人，被称为世界上"永不发怒的人"，且视死如归。挪威人特别喜欢红色，这个与高纬度寒冷的气候有一定关系。芬兰人宁静、平和的心态和性格这与北温带海洋性气候的影响有关。英国、新西兰两国居民普遍爱出境旅游，尤其爱到阳光充足的国家和地区去游览度假，这种生活行为与逃避本国的不良气候有关。气候的年变化对人行为的影响也是明显的。如一年之首的春季，对于气候环境敏感的人，新陈代谢会产生突变。年轻人易"春心荡漾",萌动爱恋之情,毛发和胡须的生长速度也明显加快。这一时期,患精神病的现象也比其他季节为多,如乡村俗语所说"菜花黄,疯子忙"。

地理环境影响人的心理行为最为奇特的地方是美国阿拉斯加最北部的巴罗镇,该镇是一个仅有4400人的小镇,这里每年从11月19日到翌年1月23日,一连65天,全部是漆黑又寒冷的世界,完全与阳光绝缘。每年11月,当地居民知道黑暗即将来临,就会举行通宵达旦的舞会,以振奋人们的精神。因为生活在黑暗世界里,会构成一种极大的环境压力,令人心烦意乱,无法忍受。美国的离婚率居世界第一位,而巴罗镇的离婚率又占美国第一位,往往比其他州高出两倍多。每年的黑夜世界过去之后,巴罗镇的男人大多更换了太太,别无他因,他们只是无法忍受黑暗的折磨,只好以离婚和结婚来改变生活气氛。这里的自杀率同样令人咋舌,全镇的4400个居民,平均每年就有500宗自杀事件发生,也就是说,约每9个人中就有一人自杀。幸好自杀的成功率并不高,否则9年之后,这里的人都会死光。为什么会产生这种情况呢?当地的公共卫生服务中心精神科主任杰特说:"巴罗是世界上最黑暗的地方,由于长时间都是生活在黑暗世界里,人人都会产生一种郁闷、孤独的感觉,所以只好用更换配偶来冲淡这种感觉,倘若这种方法也失灵了,就只剩自杀一途。"①

近年,国内外均有人研究过犯罪这种特殊心理行为与地理环境的关系。例如,瑞士警方报告,在刮起佛恩风时,抢劫案件时有发生。在意大利西西里岛的所有法庭,至今尚遵循这样的陈规:对发生在西洛可风季节的犯罪行为,应从轻发落,因为灼热的西洛可风

---

① 宋淑云:《世界最为奇特的巴罗镇》,《百科知识》2001年第2期。

往往使人头晕目眩，丧失理智。美国的研究人员还发现，气温升高，会使人情绪亢奋，攻击行为和暴力犯罪增加；天气阴沉，淫雨霏霏，会使人情绪低沉，暴力犯罪率降低；云量递增，盗窃与攻击行为也随之增加；气压降低，常使人焦躁不安，自杀事件增多等。我国学者研究发现，在犯罪类型上，暴力型犯罪率北方高于南方，智慧型犯罪率南方高于北方（即"北抢南骗"），一些犯罪率高的地区多有特定的地理背景特别是人文地理背景。

人类在生产、生活活动中，涉及转向时大多按逆时针方向运动，例如，拉碾推磨、赛跑、赛马、赛车、打扑克与搓麻将抓牌的顺序等都是逆时针转圈（见图4）。人类的逆时针方向行为是有启示意义的。例如，曲阜孔庙东边的商店收入大大高于西边的商店。原因在于游人习惯于按逆时针方向运动，先到东边商店。自然界中动物行为及植物生长（如牵牛花等攀援植物多呈逆时针方向往上攀援，自然生长而扭曲的树木的扭曲方向呈逆时针）也遵循这一

图4 人类的"逆时针方向行为"

规律。而这一规律的成因主要与地球自转有关，因为地球上的生物在从简单到复杂、从低级到高级的形成发育成长进化过程中，一直是在这种自西向东（逆时针方向）旋转的"摇篮"中长"大"的，因而人类大脑的神经系统乃至血液循环系统都是在这种实际存在而又无形的"力量"下、无形的环境框架制约、规范中"成形"的、"定格"的，即人类的神经系统、血液循环系统完全适应、顺从、吻合、同步了这种转动方向。因此，人类涉及转动的行为时多与地球自转同向，否则，神经、血液系统会出现紊乱，导致行为别扭，感到不舒服。这是北半球的现象，南半球如何，还有待进一步研究考证。

总之，地理环境究竟怎样起作用影响人类的心理及行为，许多方面还是个难解之谜，有待人们不断研究和探索。

四、地灵从来孕人杰——成才与地理环境

　　唯物辩证法认为，外因是事物变化的条件，内因是事物变化的根据，外因通过内因而起作用。人才的成长，主要是由于内在因素，但外在因素如时（时代、时需、时机）、空（居住地域、工作单位、家庭环境）、人（人际关系）、物（物质条件）等因素也起着很大作用。古人云："橘生淮南则为橘，生于淮北则为枳。"意大利著名诗人但丁说过："要是白松的种子掉在英国的石头缝里，它只会长成一棵很矮的小树。"人虽不同于植物，具有主观能动性，但其总是生活在一定环境或空间，人才之苗的成长同样要受地域环境（包括地理条件）的影响与制约，离不开成长所需要的"阳光"、"沃土"。公元前300年"孟母三迁"的故事就说明了地域环境对人才成长的影响和人们对地域环境的注重。关于人才成长的内、外在因素，有许多人才学者进行过研究，但对其中重要外在因素之一地理环境的重要作用还缺乏较为广泛而深入的探讨。至于人才成长与地理环境的关系问题，在地理学界更少有人涉猎。因此，从人文地理学的角度，对地理环境与人才成长的关系进行深入探讨很有必要。

　　人才成长的地理作用主要表现为一个区域地理优势问题，特定地域的政治、经济、文化、风俗、传统等人文地理面貌以及自然地理面貌等，一旦形成自己独特的风格和优势，其作用就非常可观。这些地域的优势主要表现为地域文化优势、地域经济优势、地域传统优势和地域自然环境优势。兹分别论述如下：

1. 地域文化优势与人才成长

随着人类文明的发展，人才出现的多寡愈来愈与地域文化水平相关。我国著名学者丁文江先生早在 19 世纪 20 年代曾从地理与历史结合的角度入手，对二十四史辟有列传的 5700 多名历史人物一一进行过籍贯考证，经过统计分析认为，历史人物出现的数量与地域经济、文化发达程度等人文地理因素有密切关系。究其原因，主要是由于文化发达地区文化教育条件比较优越，文化积淀深厚，信息丰富，交流广泛，人们眼界开阔，思维活跃，有利于人才成长并形成良性循环。国学大师王国维在《康有为传》中曾指出："文明弱之国人物少，文明强之国人物多。"从世界范围看，世界科学文化中心以及人才群的转移，都与文化科学繁荣的地域变迁有关。从一个国度范围看，人才群的转移也与文化科学繁荣的地域变迁有关。如我国南宋以前时期，北方多为全国政治、文化中心，文化繁荣，人才远较南方为多，燕、赵、齐、鲁、晋、豫是人才荟萃之地，正可谓"燕赵多慷慨悲歌之士""山东出相、山西出将"。南宋以后，随着政治、文化中心的南移，人才群也开始南移，特别是江浙一带成为文化兴盛、人才辈出之地。原全国 400 位学部委员中，浙江籍高达 70 多人。1986 年 6 月我国选出的第三届科协理事 279 名中，原籍浙江的有 42 名，原籍江苏的有 54 名，这两省的人口分别仅占全国总人口的 3.9% 与 6.1%，科协理事却高达全国科协理事总数的 15% 与 19.4%。中国现代科技人才最密集的省份是江苏和浙江，据统计，有 40% 以上的科学家，51.3% 的数理化科学家，51.5% 的生物学家，58.6% 的农学家，30% 的心理学家出自这两个省份。而浙江又以文学家、艺术家居多。人才辈出在浙江省又尤以绍兴最为突出，是"地灵人杰"的典范（见图 5），从古至今，"江山代有人才出"，杰出的政治家、诗人、作家、画家、书法家

图 5 人杰地灵的绍兴

等灿若群星，有的是一代宗师，有的是群伦表率。在古代有范蠡、王充、严子陵、谢安、王羲之、贺知章、陆游、徐渭、纪晓岚……在近代有秋瑾、徐锡麟、陶成章、蔡元培、鲁迅、周恩来（祖籍绍兴）、邵力子、马寅初、竺可桢、范文澜……英才辈出，不胜枚举，史笔照耀，口碑沿递。仅从清顺治元年（1644）到宣统三年（1911），绍兴学子中进士者 636 人，中举人者 2361 人。① 江苏宜兴亦是人才盛出之地，20 世纪 90 年代具有高级职称的宜兴人就已逾千人。在全国第一次科技大会主席台上就座的 10 位学术泰斗与著名学者中，就有 4 人是宜兴籍的，他们是周培源、蒋南翔、唐敖庆和潘菽。20 世纪 80 年代在中国科学院，宜兴籍的院士就有 9 人。父子同教授，兄弟同教授，一门众教授的在宜兴各乡都有。出生在宜兴阐口村的山东曲阜师范大学教授邵品琮，兄弟 4 人都是教授。身居美国的宜兴周铁乡人曹梁厦一家，儿子、媳妇、女儿 7 人都是博士。因此，宜兴有“教授之乡”之誉。江浙之所以人才辈出，

---

① 绍兴县修志委员会编：《绍兴县志资料》（第一辑），杭州古籍书店 1985 年版。

这与地域文化发达的人文地理环境和山清水秀的自然地理环境（陶冶人的性灵）有很大关系。这里地理位置优越，交通便利，经济富庶，发达的地方经济促进了教育的发展和文化的繁荣，加之这里风光秀丽，文物众多，有着良好的文化学习条件，读书之风历代皆浓，从而形成江浙特有的地域文化优势与人才成长优势。

这启示我们，发展文化教育，培养人才应注意从各地不同情况出发，因地制宜，因势利导。生活在文化水平较高和文化教育设施较好的地域的人们，要认识和珍惜这一难得的"地利"优势，勤奋努力学习，用人类创造的文化知识财富武装自己，促使自己很好成才；生活在文化水平较低和文化教育设施落后地区的人们，应尽可能地改变现有不良条件，在逆境中奋发努力成才。

2. 地域经济优势与人才成长

文化繁荣的主要背景是经济昌盛，归根结底，经济的发展状况对人才的出现与成长起着重要的外界作用。事业成功与人才成长脱离不了一定的物质基础和经济环境。众所周知，美国是世界上经济最发达的国家，在这种有利的社会经济环境下，科学人才辈出。据统计，从第二次世界大战到 1981 年美国获得物理、化学、生物、医学诺贝尔奖金者高达 113 人，占世界的 30%左右，在全球独占鳌头。就我国国内人才地理分布来看，长江三角洲面积只占全国的1%，人口只占全国的 7%，但全国历代杰出的专家、学者竟占全国的 1/3 以上，其中自然科学、工程科学学者占43%以上，医学人才占 40%左右，明清两代巍科人物占了一半。① 可谓人才辈出，群星灿烂，乃全国人文之渊薮，这种奇特的现象与地域经济优势是有一

---

① 廖荣华：《我国杰出人才的地理相关分析》，《地理知识》1991 年第 1 期。

定关系的。从时空结合的角度看，我国人才的地理分布大致经历了如下变化过程：从西汉到北宋，全国人才富集中心主要在黄河流域的河南、河北、山东一带。从南宋开始，全国人才富集的中心南移到江浙一带。这显然与我国北方环境的"推力"与南方环境的"拉力"相互作用而产生的经济重心南移有关。故一般而论，地域经济的繁荣有利于人才的出现。但这也不是绝对的，如军事家、文学家的涌现数量往往并不一定与经济的荣衰成正比。我国历史上汉末魏初封建割据，群雄混战，经济凋零，却涌现出了许多杰出的军事人才和诗人，正可谓"乱世出英雄"、"愤怒（或忧患）出诗人"。政治、军事、文学方面的人才的成长与政治、文化等人文因素往往更有直接的关系。

值得注意的是，地域经济发展状况还会影响到人才类型与结构，引发、提供人才需求导向。不同的地理环境往往会有不同的经济结构，千差万别的经济地理环境往往是各种专门人才诞生的摇篮。如我国南方多水（水利、水力），山西产煤，黑龙江产油，河北产棉，云南产烟，贵州产酒……各地名产由于自然资源不同而不同，对于不同资源确定不同的开发重点，从而形成不同专业的人才群体。

一定区域的社会经济结构，往往制约着地域人才结构，如长江三角洲是全国最重要的综合性生产基地，生产部门齐全，这种社会经济基础与结构，使得该地区人才力量雄厚，各类人才齐全，从而形成综合性强的人才结构。而山西则是一个以能源开发为重点的生产基地，这种经济结构，相应使山西形成一个比较单一的以煤炭能源开发为主的人才结构。湖北是一个以水电能源开发、汽车生产为重点的生产基地，这种经济结构，相应使湖北形成以水电能源开发和汽车生产为特色的人才结构。

上述启示我们，生活在经济较发达或经济独具特色的地域的人们，要充分认识和珍惜这一"地利"，在参与当地经济建设的实践中，把自己努力锻炼成才，各地应认识和发挥各自的地域经济优势，扬长避短，因势利导，为祖国建设培养和输送地域优势人才。

3. 地域传统优势与人才成长

人才的成长具有历史的继承性与延续性，地域往往深刻影响到人才的出现与成长。

以政治而论，两广地区曾是近代中国革命发祥地，有着光荣的革命传统，自太平天国金田起义一直到中华人民共和国成立近一个世纪里，英雄人物蜂拥而起，革命志士前赴后继，出现了众多的政治、军事人才。以后随着北伐革命烽火北移，在富有革命传统的湘、鄂、川等地逐渐形成一个庞大的政治与军事人才群体，如湖南的毛泽东、刘少奇、蔡和森、任弼时、彭德怀、贺龙、罗荣桓、粟裕、陈赓、胡耀邦等，四川的朱德、陈毅、刘伯承、聂荣臻、邓小平、杨尚昆、张爱萍等，以及湖北的董必武、李先念、林彪、徐海东、黄永胜、陈锡联、谢富治、秦基伟、刘华清等众多的政治领袖与军事将领均出自此地域。特别是大别山区的红安一地，从大革命后就出了223名革命将领，并产生两任新中国的国家主席（董必武、李先念），一任全国政协主席，5位国务院副总理，3位全国人大常委会副委员长，还有12人任过大军区司令员或政治委员，130人担任过省军级职务（截至20世纪末）。这一杰出的政治与军事人才群体产生，与地域革命传统等政治地理因素有着密切关系。一般说来，地域政治传统的形成往往需要各种社会因素的凝聚与结合，其作用力很大，虽然其持续时间较为短促，而一旦形成必要的历史合力，就能光照千秋，影响深远。

除政治或革命传统外，还有其他各种地域传统优势的存在，这些传统优势较之政治或革命传统优势持续时间往往更长，生命力更强。其中尤以文化传统与技艺传统方面最为突出。如在文化传统影响地域人才集中分布地上，我国有教授之乡（江苏宜兴）、博士街（湖北蕲春东长街）、才子乡（江西临川）等。而技艺人才群体一般较多地出现在具有悠久技艺传统的地区。由于历史的继承性与民风民俗的现世影响，某些地区一旦出现著名的技艺人才，不仅影响整个家庭、家族，甚至波及整个地区，弟子众多，蔚成风气，世代相传，人才济济。大家知道，我国许多地区有着自己的乡土风物、文化传承与发展特点，存在许多产生众多人才的相关地名别称，如杂技之乡（河北吴桥）、武术之乡（河北沧州）、摔跤之乡（山西忻县）、足球之乡（广东梅县）、越剧之乡（浙江嵊县）、舞蹈之乡（吉林延边）、风筝之乡（山东潍坊）、花边之乡（浙江萧山）、地毯之乡（新疆和田）……这些地域人文地理特征的形成与专门人才群体的产生，多与其地域传统有关。如"摔跤之乡"忻县地处晋北，历史上是一片水丰草茂之地，颇宜放牧，人们放牧休息时，喜欢"跌对"（即摔跤），遂蔚成风气。后来这里自然环境和社会经济环境变化，当地改牧为农，但"跌对"习俗未变，每逢节日便有昼夜鏖战的摔跤比赛。风气所及，从娃娃到成年人都酷爱摔跤，有民谣为证："丈夫摔跤争英雄，婆媳拍掌助威风，老汉场外忙指划，娃娃喊哑小喉咙。"由此以来，忻县摔跤遂形成了自己的风格与优势。再如奥地利首都维也纳是一座"音乐城"，早在160多年前，这里就成为欧洲古典音乐的演奏中心，是音乐家云集的圣地，音乐圣地的梧桐，引得彩凤来栖，这里出生和居住过的大音乐家有"乐圣"贝多芬、"音乐神童"莫扎特、"歌曲之王"舒伯特以及音乐杰才施特劳斯、李斯特、肖邦、勃拉姆斯等。维也纳歌剧院云集，音乐人才济济，悠久的音乐传统，良好的地域环境，使这里音乐人才层出不穷。又如，我国厦门的鼓浪屿环境独特，素有"音乐之岛"的美誉。这个面积仅 1.78 平方公里、人口仅 2 万的小岛,却拥有 300 多架钢琴,加上小提琴、手风琴等,平均每 3 户有一件较大型的乐器,这里音乐人才辈出,蜚声中外乐坛的有:著名钢琴家殷承宗、许斐星、许斐平、许兴艾等,中国第一位女声乐家、著名音乐指挥家周淑安,著名声乐家、歌唱家林俊卿,著名男低音歌唱家吴天球,著名音乐指挥陈佐湟,还有著名音乐教育家李嘉禄、旅英著名钢琴家卓一龙等,可谓群星璀璨。

由上述可见,地域传统具有无比的感染力与生命力,它对地域人才的出现与成长起着很大作用。生活在富有传统的地域的人们,由于耳濡目染,实践机会广,良师高手多,很容易在某一方面具有其他地方人们所难具备的才能,成为某一方面的专门人才。古人云:"天时不如地利"。乘其地利之便,积极利用地域传统优势,不能不说是人们得以成才的一条通途与捷径。

4. 地域自然环境优势与人才成长

人才的出现和成长与地域自然环境优势也有一定关系。自然环境是人类社会经济、文化产生与发展的物质基础,是上述各种地域优势形成的重要条件。如江浙文化地域优势的形成,人才辈出,就间接地与该地理位置、自然条件优势有关。地域经济、地域传统等优势的许多方面也是建立在当地优越的自然条件与自然资源基础之上的。许多方面人才的产生要借助特定的自然条件,如好猎手多出自林区,好骑手多出自草原,游泳健将多出自水乡,滑雪和滑冰能手多出自东北,世界体坛上的赛跑名将多出自非洲……这些人才的产生不能说与地域自然环境没有关系。

自然地理因素还是文艺流派地域人才群体产生的重要条件之一,共同的自然景观及乡风民俗容易形成共同的欣赏心理,直接影响到文艺流派及其人才群体的出现与产生。如古代的山水、田园诗人多生活于山清水秀的江南田园之乡;古代诗歌中南北朝时期的民歌就具有南北迥然不同的艺术风格，从而形成南北不同流派的地域文学人才群体；当代文学中的"山药蛋派""荷花淀派""北大荒派"以及"京派""海派"等，这些地区存在的风格特异的作家群也是与当地独特地理环境的熏陶有关；我国西部片《红高粱》《老井》《黄土地》等的成功与获奖，除归功于编导和演员的艺术奉献外，我们认为还不得不受惠于西北雄浑质朴的地理环境对电影艺术工作者的性情陶冶和对影片艺术风格的渲染。

自然地理因素对人才的产生与成长的作用一般多为间接关系，它往往需要通过社会经济等因素为中介才能充分显示出来，并在于人对地域环境的正确认识与利用。我国幅员辽阔，自然环境复杂多样，地域差异显著，各具特色与优势，在人才培育上应很好地加以利用。

总之，地理环境是人才成长与产生的物质基础与重要外因，它对人才的培育成长的重要意义主要在于"地利"优势的利用上。各地都有自己人才成长的地域优势，它是一种客观存在，人们只要善于认识它、热爱它、利用它，就能发挥出促进人才产生与成长的催生作用。人们利用地理环境与地域优势的途径千差万别，只要有事业心，有毅力，有适当的个人条件与基础，因地制宜，因势利导，地域优势就会成为人才成长的巨大驱策力，区域地理环境就能成为各种相应人才诞生的摇篮。

五、秀水青山育佳丽——美女与地理环境

人具有自然与社会的双重属性。从人的自然属性上看，长期在一定的地理环境中生活，通过遗传因素等作用，必然会形成与之相适应的身高、体型、肤色、五官等容貌生理特征。例如，山东人身材高大，皮肤富有光泽，鼻梁挺直，目光炯炯有神；山西人脸型较方正，棱角分明，鼻短而大，鼻翼较宽；广东人身材多较矮小，肤色较黑，颧骨突出，目小深陷，鼻子较扁阔，嘴唇较厚而有些外翻。本书前面部分曾对此进行了一些有关论述，这里另就中国古代美女与地理环境的关系这一饶有兴味的问题进行一些讨论。

常言道，"人杰地灵"。古人认为，人杰与地灵之间存在着内在联系，一个地方必须蕴藉天地灵气、日月精华才能孕育出绝代佳人。这种说法似乎有些神秘、玄乎，但用现代科学的观点分析，其中具有一些合理之处，它在某种角度上揭示了人的身材、肤色、容貌等生理特征和俊男美女的出现与地理环境有着一定的关系，即人的体型、肤色、容貌除了先天的遗传因素和后天的衣、食、住、行等社会因素影响之外，地理环境也有着潜在影响。这一有趣的现象与问题曾引起过人们的注意。例如，在我国曾有"依山生伟男，临河产娇娃"之说；民谚民谣中的"米脂婆姨绥德汉，不用打问不用看"（见图6）；"浑源的女子不用挑""来到浑源州，回家把妻休"等即是明证。这些民谚民谣可以说是人们经过长期的观察总结并具有统计规律的经验之谈。高大、剽悍、英俊的绥德汉，颇有北方阳刚之气。人们常说："人中吕布，马中赤兔。"那位仪表英俊、武艺盖世的三国英雄吕布便是"绥德的男子"，南宋名将、

抗金英雄韩世忠也是绥德人，而巧施连环计、幽会凤仪亭、玩弄董卓"父子"于股掌之间的绝代佳人貂蝉则是"米脂的婆姨"。陕北那句名谚"米脂婆姨绥德汉"，可以说是家喻户晓。就连毛泽东1935年到陕北后，在他的谈话里和文章中都引用过这一谚语。那时米脂中学的不少女学生，毕业后即奔赴延安，投身革命。她们之中大部分和共产党各级军政人员结了婚。新中国成立后，这些军政人员，有的成了将军，有的成了省级或中央级领导，因此，米脂又有"丈人县"的戏称。米脂姑娘不仅长得漂亮，如山丹丹花一样靓丽，而且聪明、贤惠、能干。例如，1920年从北京师范大学毕业的米脂姑娘高佩兰和妇女领导干部杜瑞兰、冯云、安建平、杜利珍、杜彩珍以及革命烈士杜焕卿、张惠明等，都是很有作为的女中豪杰。

那么米脂的婆姨为什么长得这样漂亮出众呢？据说与当地独特的水土环境有关。据《米脂县志》记载：米脂因米脂水得名。米脂位于黄土高原丘陵沟壑区，米脂水在米脂县东南处，其土地肥沃宜于种植谷子，谷子碾成小米金黄金黄，煮成小米粥上面像漂了一层油脂。也许米脂的小米还有什么成分，使女人吃了养颜，如花似玉。山西浑源自古出美女历史也有记录，后唐皇帝李从珂继位后从全国选妃，浑源刘氏从众多的候选美女中脱颖而出，艳压群芳，被选为皇后。传说杨门女将中的穆桂英就是浑源人。浑源美女的普遍特征是肤白齿皓、体态有致、言语温婉。在塞外朔风的历练下，她们的性格又是大气和豪迈的，这份韵味和气质更是一种不可多得的自然之美。浑源的女人们长得好看，也有多种说法，一说是浑源地理环境好，水土养人；一说是浑源地处塞外，古属少数民族聚居地区，诸如鲜卑、突厥、蒙古等，血缘复杂（农耕民族与游牧民族的血缘混交），通婚之后在优生上子女博采众长，以至于男子俊朗、女子漂亮；还有一说是云州大同北魏时期属于京都，后来京都南迁洛阳，许多宫女或因年龄或因其他原因没有带走，被配发给把守浑源边关的将士们，浑源因此美女众多。

图 6 米脂婆姨绥德汉

在我国有许多出美女的地方（如"美人窝"等说法）是人们公认的。在英国，曾有学者绘制出过"美女分布图"，对美女分布的地理规律和环境原因进行过一些分析探讨。

美女是人们饶有兴味的话题，中国著名的古代四大美女是西施、王昭君、貂蝉、杨玉环。四大美女享有"沉鱼落雁之容，闭月羞花之貌"的美誉。"沉鱼、落雁、闭月、羞花"是由精彩故事组成的历史典故。"沉鱼"，讲的是西施浣纱时的故事；"落雁"，指的就是昭君出塞的故事；"闭月"，是述说貂蝉拜月的故事；"羞花"，谈的是杨贵妃观花时的故事（见图7）。纵观我国历史上著名美女的出生地，大多分布在秦岭—淮河一线以南的山清水秀之地，而且尤以江浙一带最为集中，如西施、虞姬、苏小小、严蕊、陈圆圆、董小宛、秦弱兰、徐佛、柳如是、李香君、赵彩云、潘霞等著名美女都是江浙人。江浙优美的环境赋予她们天生丽质，使她们有着杭州西湖那样妩媚的容貌和苏州园林那样玲珑的身材以及江南小桥流水那样的灵性。

图 7　古代四大美女

这里试以江浙为例，简要分析一下该地区出现较多美女的地理原因。江浙地处我国江南东部，纬度多在北纬27°~32°，人的身材比较适中，女性身高中等略偏下，小巧清秀，身段不像北方女子那样高大丰满，鼻梁的高低、口唇的厚度也较适中（这些均与地理纬度有关），符合中国传统的人体审美观。江浙地区属亚热带季风性湿润气候，水网密布，气候温润，加之濒临海洋，多低山丘陵，气候上阴雨天、雾日较多，日照时数较少，太阳辐射不强烈，阳光中的紫外线对人体肤色影响较微弱，故这里的女子的皮肤一般比较白净细嫩。江浙一带自然环境山明水秀，有雁荡山、天目山、莫干山、钟山、焦山、惠山、钱塘江、富春江、西湖、瘦西湖、太湖等众多的名山胜水。《世说新语》中对此曾有"千山竞秀、万壑争流"的赞美。青山绿水不仅陶冶人的性灵，而且盛产名茶，自古以来，浙江的茶叶产量、质量在全国名列前茅（如龙井茶等），当地的居民具有悠久的饮茶习惯。茶既可以为人体提供多种微量元素，又可以帮助消化吸收和促进血液循环，并将体内多余的脂肪清除掉，而且还具有清心明目、滋润皮肤等美容作用。同时，江浙一带的居民的食物以大米、蔬菜、鱼类为主，脂肪含量较少，加之气候、水土等地理原因，这里女子一般身材苗条，面目清秀，眼似秋水，肤色白净，光彩照人。

江浙地区在历史上经济与文化比较发达，历史文化积淀深厚，优越的人文环境与秀美的自然环境有机结合，共同陶冶了该地区人民的性灵，可谓"精诚所毓，灵秀所钟"，使得这里的女子在气质、风度上比其他地区的女子更胜一筹。由于社会、经济、文化条件较优越，这里的女子一般较有文化素养，谈吐不俗，举止文明，气质高雅。南国的花香鸟语、千里烟波、细雨和风、平湖曲岸等"柔化"着吴越女子的心理，同时江浙一带的女子的劳作以刺绣、采桑、摘茶、采莲、插秧为主，细腻精巧的劳作，也陶冶了女子们温柔性情，加之吴音软语，丝竹歌舞，很能给人以灵秀、温婉、文雅、阴柔等美感。历史上曾有许多诗人写过不少赞美江浙一带女子的诗句，如大诗人李白曾在《越女词》中写道："耶溪采莲女，见客棹歌回。笑入荷花去，佯羞不出来。""镜湖水如月，耶溪女如雪。新妆荡新波，光景两奇绝。"生动地描写了江浙一带女子别致的风韵与美姿。

江浙一带人口稠密，美女如云，加之交通方便，信息较灵通，故成为历史上朝廷经常挑选宫女的主要地方。例如杭州，历史上是美女辈出与云集之地。这里的女子容貌出众，灵动慧巧。杭州不仅山水秀甲天下，而且人文环境极佳，自唐宋以来，这里就是江南第一大都会，文人骚客、商贾官绅、儒道僧众、歌妓舞女，荟萃于此，或寻灵感，或享欢娱，或养天年。就连皇帝也慕杭州芳名，率文武百官浩荡前来。皇帝及文武百官不仅玩够了杭州的山水，掠走了那里的珍宝，也带走了那里的美人。山水被绘上了雕梁画栋，美女被锁进了深宫后院。西子湖畔，这个巨大的"锁娇窟"，历史上不知葬送了多少垂泪的美人，也不知阻碍了多少英雄的行程，更不知迷乱了多少痴汉的心灵。这种得天独厚的自然环境和人文氛围也造就了许许多多的奇女子，如倾国倾城的苏小小、诗才杰出的李清照、击鼓退金的梁红玉，还有鉴湖女侠秋瑾，更有无数的歌女、舞女、采桑女、采茶女、采莲女……为这湖光山色、江南都会平添了十二分的姿彩。

江苏省医学会医学美学美容分会主任委员黄金龙认为，"人的外貌的确与地域有关系"。去掉人口流动这一变化因素，当地气候与饮食习惯都是影响外貌的重要因素，"成渝地区湿度比较大水分多，所以女性皮肤好；北方女性因为光照充足，加上吃粗粮，所以身材匀称、五官长得比较开；江南一带女子无论是身材还是面容，多为小巧玲珑型"。如果总结美女分布比例较高地区的气候关键词，应该就是光照和湿度。湿度影响皮肤质地，光照和饮食影响身高、骨骼和面容。

历史上许多著名美女的出生地，都有山清水秀的地理环境。如绝代佳人西施的出生地浙江诸暨的苎萝山，山下有一条美丽的浣纱溪，四周丘岗起伏，茂林修竹，风景佳丽；唐代与杨贵妃争宠的梅妃，生长于临江濒海、潮音悦耳、水网如织、风景如画的福建莆田江东村。有碑文为证："……其地绿野连绵，碧水环绕，秀气所钟，江妃毓焉。"至于著名美女王昭君的出生地湖北兴山宝坪村，更是众人公认的风景优美之地，其故居背靠秀丽的纱帽山，面临清澈的香溪水，四周林木苍翠，花果飘香，景色如诗似画。唐代诗人杜甫诗句"群山万壑赴荆门，生长明妃尚有村"就是描写这里。该地气候宜人，夏无酷暑，冬无严寒，长年温暖如春。这里的水质极佳，香溪水、楠木井水清凉甘甜，不亚于矿泉水。得天独厚的地理环境孕育出了昭君这位美貌惊人的绝代佳人、千古流芳的东方女性。如今兴山、秭归的香溪一带的女子容貌与肤色出众也是许多人所公认的。即使我国北方盛出美女的地方也是风景美丽之地，如前面说过的"浑源的女子不用挑"，山西的浑源位于太行山的北段，北岳恒山即在此县境内，山水与南方一样秀美，同样具有孕育美女的自然环境与灵奇水土。

尚需补充说明的是，笔者查阅有关资料，发现我国历史上春秋战国至秦汉时期的著名美女却较多地分布在秦岭—淮河以北的山东、河南、陕西等地区，与前述的多分布在南方的情况有些不同。据笔者初步分析，其原因主要有以下几点：一是在秦汉以前，北方的陕西、山东、河南一带的生产力水平比南方高，人口远比南方多，产生美女的概率相应较南方高；二是当时的政治、经济、文化中心多在北方，交通与信息较灵通，容易发现美女，并能通过史书记载下来，而南方则远离当时的政治、经济、文化中心，出美女的山清水秀之地一般位置比较偏僻，加之南方多山河阻隔，交通闭塞，信息不灵，许多美女"养在深闺人未知"；三是自春秋战国到秦汉（公元前 770 年—公元初）是我国历史上气候比较温暖湿润的时期，气候带北移，据史书记载，当时黄河中下游一带遍生梅、竹，呈现出一派亚热带风光，许多地方具有山清水秀的优美环境。我们从"齐鲁有桑、渭川有竹"等记载可以推测出当时的山东、河南、陕西一带的气候与后来的江浙一带相差不多。直到唐代，华北的许多地方还是保持着青山绿水的自然环境，如唐诗中的"秦地有吴洲，千檣渭曲头，人当返照立，水彻故乡流"便是真实写照。这在客观上为上述地区美女的产生提供了有利的自然环境条件。

这里需要说明的是，美人往往只是人群中的少部分人，并不是某地域人群的共性。其产生原因还有待深入探究，因此对地理环境的作用不应夸大和断言。

六、风水宝地蕴安康——寿命与地理环境

古往今来，延年益寿是人类多少世代的梦想。人类社会发展史告诉我们，这个梦想正在一步步变为现实。在种种影响人类长寿的因素中，是否有地理环境这一要素呢？

大量的事实告诉我们，地理环境同人的健康长寿是密切相关的。自然环境及社会环境的变化，均深刻影响着人类的生、老、病、死，因此也必然对人的寿命水平产生影响。

人类寿命演变的历史是：越是在生产力水平低下的古代，人的寿命越是短暂；越是到了生产力水平提高的近现代，人的寿命就越来越长。可见在这里，生产力水平无疑是寿命提高的主导因素。问题的另一方面是，不管是在人类寿命水平较低的古代，还是在平均寿命已经大幅度提高的现代，寿命长短都存在明显的地域差异。这就是我们要关注的问题。

世界上的老年学学者都相当关注地理环境影响的意义，他们研究百岁老人的地域分布，进行生态地理学或环境地理学的考察，绘制平均寿命及长寿人口比率分图等。这些都表明，衰老和寿命这两个重要的生命现象同地理环境之间的紧密联系。

从世界范围看，人类的平均寿命存在明显的地域差异。

据美国有线电视新闻网 2011 年的报道，研究者结合美国中央情报局世界人口寿命数据，得出世界人口平均寿命排名。平均寿命超过 80 岁的有 29 个国家或地区，其中最长寿的国家是摩纳哥，为 89.73 岁，其次是圣马力诺 83.01 岁、安道尔共和国 82.43 岁、日本 82.25 岁、新加坡 82.14 岁、澳大利亚 81.81 岁、意大利 81.77

岁。世界人口平均寿命为 67 岁。有 8 个区域人口平均寿命不过 50 岁，主要集中在非洲和中东。排名最低的是安哥拉，人均寿命仅为 38.76 岁。

在亚洲，寿命水平的地理差异也极为悬殊。例如日本已成为世界上最长寿国之一。可是东南亚、南亚及西南亚广大地区的平均寿命均较低。我国和朝鲜处于中等水平。

我国老年长寿人口的地理分布，其总特点是东高、西低，沿海高、内地低，上海、北京、天津等大城市以及华东、华北、东北沿海地区明显地高于西藏、青海、云南、贵州等地。从民族来看，俄罗斯族最高，畲族、纳西族分别居第二、三位，而鄂伦春族最低。

长寿地区的成因有哪些呢？健康长寿是多种因素联合作用的结果，大致可分为先天因素与后天因素两大类。然而，后天因素对人类的健康长寿具有更为现实的影响，有时不具备先天条件而通过后天的努力，也能益寿延年。一般来说，人类获得健康长寿的后天因素包括社会因素、环境因素、个人因素三个方面。长寿地区的形成，一般认为主要与自然环境等因素有关。老年医学调查发现，百岁老人往往生活在海拔 500~1500 米的山区，这可能是由于山区具有已经发现或尚待发现的、对健康长寿有利的因素在起作用。例如，对广西巴马瑶族自治县的调查发现，百岁老人聚居的地区有某些特殊的气象、地理因素，诸如年平均气温在 17~20℃，年降雨量为 1250~1500 毫米，年平均日照时间为 1400~1800 小时，以及环境清静、空气清新、水质良好、植被繁茂，等等，这些因素构成了优良的人居条件。但是，并非所有具备这些条件的地区都是长寿地区。

近二十多年来，人们逐渐发现，自然环境中的微量元素对健康长寿具有重要意义。某些微量元素，如钴、锰、硒、锌、铬等，摄入不足时，可导致心、脑血管等老年性疾病的发病率增高；而另一些元素，如镉、铜等，摄入量过多，也会产生类似的后果。研究还发现，锰、镍摄入过多或硒、钼摄入不足都可能导致危及人类生命的肿瘤多发。因此，在研究长寿的地区性因素时，学者们已十分重视对微量元素作用的研究，而微量元素的赋存又是有着明显的地域差异的。

我国长寿地区或长寿老人聚居地区微量元素含量情况，近年有研究机构进行了调查，结果发现长寿老人头发及长寿地区土壤中微量元素具有相似性的特点，引起学者们的广泛关注。广西巴马长寿地区 90 岁以上的长寿老人头发中具有高锰、低铜的特点，据认为这是当地心血管疾病低发和长寿的主要原因。湖北某长寿区的元素谱具有富硒、钙、镁、锰、锶、锌等特征，硒的含量比一般地区高 2~3 倍。而百岁老人头发中具有相对富锰、富硒和低镉的特点；粮食中的微量元素则以富硒、富铁和低镉为特征；黄豆中含有十分丰富的人体必需微量元素，钴含量高于小麦 37.6 倍，钼含量高于小麦 48 倍。因而认为，长寿地区的黄豆是微量元素的"仓库"，我们既要重视黄豆在提供优质蛋白方面的营养价值，更要重视它为人体提供丰富微量元素方面的重要作用。

湖北省的钟祥市是一个拥有 100 多万人口的县级市。在钟祥市的 100 多万人口中，百岁老人多达 88 位，远高于国家评定长寿之乡的标准（要求百岁老人达到十万分之七的规定）。早在南朝刘宋明帝泰始年间，钟祥的名字就叫长寿县。长寿县的名称在历史上叫了一千多年。明朝嘉靖皇帝以后才将长寿县改名钟祥县。在钟祥市至今还有许多叫做长寿村、长寿河、百岁桥等与长寿有关的地名。人们研究发现，钟祥的人多长寿，这可能与独特的水土环境有关。钟祥的长寿老人本来全市分布都有，但主要集中在汉江两岸特别是磷矿石的产区，如胡集镇、磷矿镇、长寿镇、文集镇、丰乐镇、洋梓镇、冷水镇。为什么长寿老人主要集中在这一区域呢？与这里的水土等自然环境有没有直接的关系？这些问题很值得研究。

我国百岁老人分布与地理环境有着密切的联系。新疆维吾尔自治区、西藏自治区、青海省、广西壮族自治区百岁老人之比例，分别居全国第一、二、三、四位。新疆人口主要分布于以天山山地为中轴的南疆与北疆，百岁老人大部居住在海拔较高的山村。西藏地广人稀，人口不少分布在平均海拔 4000 米以上的藏北高原和藏东高山峡谷区。青海绝大部分为高原山地，一般海拔 2500～4500 米。广西跨云贵高原东南一隅，丘陵山地占全区面积的 85%。我国著名的长寿县——广西巴马瑶族自治县就位于海拔 435～698 米的山区（见图 8）。

图 8　环境优美的广西巴马长寿村

资料来源：http：//image. haosou. com，右图系夏风秋云摄影。

综上所述，百岁老人在地理分布上往往多集中于山区，表明衰老与寿命这两个重要的生命现象与地理环境之间有着密切关系。世界著名的三大长寿区——前苏联的高加索、厄瓜多尔的维利巴姆、巴基斯坦的罕萨也都是山区。可能山区的社会环境、高原环境和气候条件对延缓衰老进程有重要意义。因此可以认为环境条件是影响人类健康长寿的重要因素之一。

任何生命都离不开生存环境，衰老和寿命作为生命的重要现象，也不例外。

很久以前国外就有对衰老和寿命的科学研究。法国巴黎的巴斯德研究所著名的生物学家梅奇尼柯夫在 1908 年就出版过一本专著《生命的延长》。1910 年一位名叫洛兰德的人也出了一本书，叫《延缓了的老年》。这大概是近代最先提出推迟衰老和延长寿命的两本科学著作。洛兰德的书一再重版，达 17 次之多。而《生命的延长》一书于 1977 年在美国又重新出版，可见人们对衰老和寿命课题的广泛重视和浓厚兴趣。

生命衰老的本质何在？衰老的速度和寿命的长短究竟是由遗传性还是由环境条件所决定的呢？其奥秘还有待人们深入研究。

据多种材料综合分析，长寿老人多的地区往往具有如下共同环境特点：一是高原或高山的地形，寒冷或温和的山地气候，没有炎热的夏季；二是新鲜的空气（空气中的负氧离子高），洁净的水源（水多是地下水和富含矿物质的山泉水），自然环境未受工业污染或城镇噪音之害；三是低卡路里的饮食（无污染蔬菜和粗粮），因此肥胖病几乎绝无仅有；四是较艰辛的体力劳动或经常性的劳作活动；五是宁静的精神生活与祥和的人文环境。

以上这些恰好是过着近代文明生活的人们（尤其是大城市的居民）所欠缺的。例如我们遇到形形色色的公害（城市雾霾、城市"热岛效应"、含有害物质的食品等），喧嚣脏乱的环境，过度的饮食和不良习惯（例如过多的烟、酒、糖、脂肪等），缺少体力活动的工作方式，紧张的精神状态和人际关系，各种折磨身心的烦恼……所有这些实际上都是加速生命衰老和缩减寿限的毒液，这些有益及有害的因素及其组合均随地域的不同而变化着。

关于长寿，世界上还有几个尚未解决的课题：

第一，地球上几条人所共知的气候带，深刻影响着人体的生理和病理过程，从而对于人的健康和寿命也必然具有重要影响。但迄今为止这方面的研究是很不够的。很明显，寒温带地区诸国的平均寿命高于热带地区。主要是气候条件影响的结果呢？或是经济发展水平不同的缘故呢？这是老年学及地理学均未解决的一项课题。应该由寿命地理学研究来揭示其中原理。

第二，山区的长寿老人往往多于平原和沿海，这种规律的机理何在？是山区原始生态环境有益于健康吗？或是山地气候的作用呢？如果与自然地理条件有关，那么是气温还是气压的关系呢？是因为环境未受污染，或是因为空气中的负氧离子浓度呢？所有这些也是寿命地理学应该揭示的奥秘。

第三，长寿老人分布中的垂直地带性现象是普遍的规律吗？无例外地适用于世界各地吗？然而罗马尼亚的研究发现，他们国家居民的寿命图显示，却是平原地区和多瑙河三角洲居民的寿命最长。经研究竟然与三角洲居民多食鱼类蛋白这一因素有关。那么世界各地沿海与三角洲是否同具此种规律呢？这又是一项值得注意的地理课题。

诸如此类的地理学问题可以列举甚多，例如森林环境、海岛环境、高原紫外线、生物地球化学区以至地球磁场等，都影响着人体健康，影响着生命的衰老过程，从而影响到人的寿命。以上列举的这些问题，现在还拿不出具体的数据，理论上更有待于探索，但寿命地理学的这些研究领域，实在是极为广阔，意义深远，大有可为。

迄今为止，地理学者仔细地研究过环境中的许多自然现象。但是，地理环境如何影响着人类自身的生命，却是科学研究中的一个薄弱环节；至于地理环境对人体衰老和寿命的影响如何？还几乎是一个空白的领域；但现在我们可以确信的是，环境与长寿关系的研究应当能促进人类的健康，有助于推迟生命的衰老并延长人的寿命，这应该是无疑的。

医学地理学学者经过多年研究，认为长寿区的环境特点有两个方面，一是优美的自然环境，二是祥和的人文环境。

具体从自然环境来说，长寿区的共同特点就是环境优美，空气好，水质好，多为山区，山清水秀，景色秀丽，气候宜人，海拔高度适中，非常适宜人类生存。详尽分析还可解析为如下几个方面：

一是海拔高度适中。世界上长寿村的海拔高度一般在 1500 米以下，如南美洲厄瓜多尔的比尔卡班巴村坐落在海拔 1370 米的安第斯山山谷，中国巴马县长寿区的海拔高度为 400～700 米，安徽省六安县的华山村海拔高度为 500 米左右，山东省长清县张夏镇小刘庄海拔 300 米，湖北省神农架林区塔坪村海拔 1200 米，成都平原地区长寿村海拔 800 米左右。新疆阿克苏长寿村平均海拔高度为 1114.8 米。

二是气候凉爽、宜人。长寿村一般都是气候条件良好，气候温暖，冬无严寒，夏无酷暑，平均气温 20℃ 以上；雨量充沛，但不湿不燥，凉爽宜人。如上海长兴岛长寿村，地处长江口，属于海洋性气候，冬暖夏凉。冬季阳光和煦，比大陆陆地的气温高 2℃；夏季海风习习，比陆地气温低 2℃。厄瓜多尔的比尔卡班巴长寿村因海拔较高，终年平均气温在 20℃ 上下，四季如春。高加索长寿区年平均气温 15℃，夏季最热才 25℃，冬季最冷也在 0℃ 以上。山东长清县张夏镇长寿村一年四季分明，夏无酷暑，冬无严寒，年平均气温 13.7℃。广西巴马县长寿村平均气温为 20℃。

三是空气质量清新。长寿村大多地处山区，植被状况较好，而且远离城镇和工业区，普遍大气质量良好，污染少，甚至无污染。空气清新，负离子含量较高，有害成分（如 SO_2、NO_2 等）含量很低，如中国新疆喀什、阿克苏、和田等地的长寿村，大气中的 SO_2 和 NO_2 含量分别为国家规定的最高允许浓度的 1/50 和 1/10 左右，属于一级大气环境质量标准。

四是饮水质量良好。长寿村大多环境优美，饮水水源的水质良好。巴基斯坦罕萨长寿村居民饮用的水是从附近高山深处引来的冰川融水，清凉可口，含有多种有益于人体健康的矿物质。厄瓜多尔的比尔卡班巴长寿村居民饮用的河水里含有镁、铬、锌、硒、钙、磷等元素，还含有能防止风湿病、降低胆固醇的物质。新疆南部长寿村饮用水质良好，而且富含对人体健康有益的镁、锰、铁、锌、钙等微量元素。贵州盘县老厂村长寿村居民饮用的水，是在一种特殊地质条件下才能形成的低矿化度、低钠的天然水，这种水是从村寨中竹林淌出来的清澈的竹根水。安徽西部大别山区六安市华山村长寿村天然泉水多，泉水是含有偏硅酸和锶的低钠矿泉水，还富含碘、锌、锂等多种有益于人体健康的微量元素。山东莱州市金城镇长寿村龙埠村，村民饮用的是一眼天然泉水，被称为"长寿水"，含有多种人体所必需的微量元素，具有很好的保健作用。广西巴马县长寿村居民饮用的是喀斯特地区的地下水，水质纯净。海南岛通什地区长寿村，饮用水中多含镁、钙等生命元素。意大利的坎普迪米里长寿村几百年来都以矿泉水驰名，这些矿泉水可以预防血管硬化，当地居民都饮用矿泉水。

五是食物中富含微量元素。长寿村不仅饮用水中含有丰富的有益于人体健康的微量元素，其他食物中也同样含有多种与生命有关的微量元素，促进了长寿村居民能够保持身体健康，减少疾病，从而延年益寿。据调查，山东长清县张夏镇长寿村，居民所食用的主要食物中含有较多能抗衰老的微量元素硒；长寿村饮水、小麦、玉米、红薯、土壤等生态系物质中所含的硒都高于附近非长寿村。硒含量的这种差异还体现在人体和家禽上，长寿村居民头发和鸡的内脏、鸡毛中的硒含量也高于非长寿村，说明长寿村的某些外部环境因素含有丰富的硒。此外，张夏镇小刘庄长寿村还盛产木鱼石，木鱼石富含生命元素，当地居民用木鱼石加工成的茶具泡茶；木鱼石含有硒、锌、铜、铁、锰、锶、钴、镍、钒、铬、锂等 10 多种人体必需的微量元素，这些元素中，硒、锌不仅具有抗衰老的生理作用，还可以预防心脑血管病和增强免疫功能，提高人体的抗病能力。

除此之外，长寿村一般有祥和的人文环境，民风乡俗很好。家庭成员之间与乡亲邻里之间能和睦相处、互相关心；村民们团结互助，尊老爱幼，对老人爱护有加，侍奉周到；人们生活在浓浓亲情之中，心旷神怡，美满自足。不仅物质生活丰饶，精神生活也非常愉快。尤其是良好的性格和静怡、祥和的心态（心境平和，淡泊宁静）有助于身体健康乃至长寿，可谓"心静日月长"。毫无疑问，愉悦的心情有利于身心健康，加强机体的抗病能力，促进延年益寿。

为探索人类生命规律、总结健康长寿经验，现在世界上有不少机构在做这方面的研究。他们研究不同地区老年人分布状况、健康水平、长寿水平、平均预期寿命，以及老年人多发病、常见病、死因与死因顺位等。这些研究提供的资料，将有助于开展老年人的人口预测、老年人与环境、老年人与地理、遗传与优生等研究工作，更进一步，可根据长寿人口的地域分布研究成果，到长寿地区去进行详尽的调查研究，总结健康长寿的共同规律，无疑会有助于整个人类的健康长寿。而作为生命的个体，我们自己亦可通过旅游走访长寿地区，也许将会获得一份意外的收获。

生活篇

人类生活主要包括衣食住行、生老病死、风俗习惯等，本篇从人类生活中的服饰、饮食、聚落、园林、丧葬、风水、民俗几个方面，系统探讨人类生活与地理环境的关系，试图揭示人地关系的诸多奥秘。

一、一方水土一方穿戴——服饰与地理环境

服饰是深受地理环境影响并颇具明显地域特征的文化现象之一。例如，我国由于深受地域环境的影响与制约，南方和北方的服饰文化景观迥然不同。南方人较注重单衣的穿着，并注意色彩的变化，衣料颜色多为不易吸热的浅色，服饰形制多为短衣和裙类，服饰文化景观具有"轻、浅、薄、彩、简"等特征；而北方人较注重棉衣、皮衣的穿着，衣料颜色多为易吸热的深色，服饰形制多为长衣和袍类，服饰文化景观具有"重、浓、厚、深、繁"等特征。

影响服饰文化的地理因素较多，其中最为明显的是气候，根据日本小川安朗的研究表明，世界各地气候类型不同，服饰形式存在很大差别：湿度大、温差小的海洋气候区的服饰多为便于蒸发体表热量的开放宽敞型；湿度小、温差大的内陆气候区的服饰多为封闭包裹型；气候变化明显的季风气候区的服饰种类多、变化大。人文地理环境对服饰文化景观的影响也很明显。例如，城市与农村无论是服饰的式样还是服饰的色彩都有显著差别。

近年来，兴起了一门研究服饰文化与地理环境的关系、服饰区域分布特征和时空变化规律的文化地理学的分支学科——"服饰地理"，其研究的主要内容有服饰起源、服饰传播与扩散、服饰文化中心、服饰文化生态、服饰景观、服饰与地理环境的关系及时空变化规律等。研究服饰文化与地理环境的关系及时空变化规律既有理论意义也有实用价值。研究这一课题，可以从理论的高度指导服饰设计、生产及人们的穿着打扮，引导人们穿着与时空环境协调的服装，充分表现服饰的地域美、群体美与和谐美，促进人类的文化

建设与文明进步。

为了比较详细、深入地阐述服饰文化与地理环境的关系，下面试以地域辽阔、自然环境复杂、民族风情丰富多彩的中国为主要例证，从民族服饰中的帽子与头巾、袍子与靴子、坎肩与裙子、短衣与鞋子几个方面，着眼于地域分异规律，侧重于气候、地形等主要地理因素的影响作用分析说明之。

1. 帽子与头巾

从新疆向东经甘、宁、陕、晋、冀、鲁至沿海，在这一纬度地带上，人们的帽子和头巾的变化颇耐人寻味。新疆大多数民族都戴小帽，如维吾尔族男女老少普遍戴四棱绣花小帽（尕巴），哈萨克族姑娘戴的绣花小帽上缀有猫头鹰羽毛，塔塔尔族喜欢戴黑白两色的绣花小帽，乌孜别克族的无棱小帽则多种多样，妇女常在小帽外再罩以薄如蝉翼的挑花绣花披巾，塔吉女绣花帽带有后帘，并喜欢在前沿缀上成排的小银链，柯尔克孜族四季均戴绿、紫、蓝或黑色的灯芯绒小圆帽。生活在甘肃、宁夏的回族、保安族、东乡族、撒拉族男子多戴小白帽，女子则戴盖头（白、黑、绿三种）。黄土高原的陕北地区，男子多用白色羊肚子毛巾包在头上并在前额头系结（见图9）。山西中南部、河北省中南部和山东省聊城、德州两地区的男子也多用羊肚子毛巾包头，只不过是在后脑系结。由此向东至山东沿海地区，人们的帽子或头巾无突出特征，冬季之外的其他季节，人们基本不戴帽子或头巾。山东的烟台、威海、青岛、日照等濒海地带，女子在春、夏、秋三个季节多数包头巾，内放一截能弯曲且富有弹性的铁扎片或封箱带，使头巾突出在额前，系结在脖子下面。

上述帽子和头巾的特征及空间分布的变化，均有它的地理背景。按照伊斯兰教的礼节，在室外头部不加任何遮盖而对着天空是

图9 富有民族特色的帽子与头巾

一种亵渎行为。究其地理原因是伊斯兰教的源地（西亚）处在较低纬度的沙漠地区，戴白色头巾和帽子是为防止太阳对头部的曝晒灼烤等。新、甘、宁等地居民多信奉伊斯兰教，自然环境与西亚类似，日温差大，戴帽子或头巾在白天可防晒，在早晚及夜间则可御寒。甘、宁地区的白帽、白盖头，颜色、式样单一，这与当地单调的地理环境有一定联系。新疆的帽子颜色、式样各异，花纹图案繁多，则可能与山地、河谷、绿洲、沙漠、雪山等多姿多彩的大自然的熏陶有关。

陕北地表缺乏植被，冬春风速很大，人们用羊肚子毛巾包头，系结在额头既可遮住灰尘，还可作为围巾来遮住耳朵以防冻伤。夏天蒙在头上也可防日晒，又可用来擦汗。山西中南部，人们用毛巾包头系结在脑后，比较宽松舒适，是因为晋中南多盆地，风沙小一些，气温稍高等缘故。冀中南、鲁西北位于太行山脉与鲁中南山地丘陵西北角之间的狭窄地区，是冬季风的通道，"狭管效应"使这里风速较大、尘土较多，冬春季节风沙虽然较大但比陕北地区的风沙要小一些，故这里的人们也用毛巾包头且系在脑后。

山东沿海女人戴头巾是为防晒、防风、防沙。沿海地区大气较洁净，太阳辐射较强，女人们包头上并加上一截铁扎片或封箱带，使头巾在额前挺括，伸出一段距离，这样可以遮住阳光保护脸部。濒海地带多海陆风，女人包上头巾，以免风吹乱了头发，也可以防止沙尘弄脏了头发。

大理是白族人民的聚居地。"下关风、上关花、苍山雪、洱海月"是该地的四大胜景。大理又名"风城"，风大来自于"海"（大湖泊）山组合的地貌形态。洱海呈南北走向，长约40公里，面积约250平方公里，西面是苍山，东面是穷山，下关位于洱海的南岸，长达40公里的"狭管效应"，湖面阻力很小，使得洱海及岸边的风速很大，其中以下关最甚。大理的气候四季如春，按理说人们不用戴帽子或头巾御寒，但因风大，男子多用白布包头，而女子的头巾则更适应这里的环境特征。女子头巾长35厘米左右，宽10~12厘米，外用白布（上部绣一条彩色花边，中下部多用彩色金属片或珠子点缀），内衬海绵或几层毛毡，比较厚实。头巾从前额向左右两侧围起，约围住头部周长的3/5，右侧有红毛线可系在脑后。主要是为了护住额头，因为大风长时间的吹拂易使人头痛，同时包上头巾也可以防止大风吹乱头发。

另外，西亚、北非的阿拉伯人男性头上缠的头巾和女性戴的面纱也是气候的产物，即用以遮挡强烈的阳光和飞扬的沙尘。我国南方人多戴草帽或斗笠也和气候有关，一可遮挡暴烈的阳光，二可在休息时用来扇凉，三可下雨时作为雨具。

2. 袍子与靴子

身着长袍的民族不仅限于信奉伊斯兰教的阿拉伯人。我国东北的狩猎民族，西北地区和青藏高原的游牧民族及部分农耕民族，也外穿长袍，同时足蹬靴子。

阿拉伯人地处西亚和北非，这里是世界上沙漠最大、最集中的地区。气候干燥，天气晴朗，日照强烈，很少见到阴雨天气，一旦大风骤起则飞沙走石，不见天日。阿拉伯人的宽大长袍非常适合这一气候特征的要求，白色的大袍将身体包起来，既可以遮挡住太阳的强光，保护皮肤不受伤害，也可以遮挡住飞扬的沙石和尘土。

满族和锡伯族人多穿旗袍，其样式和结构简单，圆领、大襟、窄袖，四面开裾，带扣绊。袖口上常加上一个半圆形的"袖头"，也称"箭袖"。四面开裾利于马上行动，袖窄则紧趁、利索。冬季射箭时，箭袖放下来可以保护手背和御寒。

鄂伦春族因地处高纬及狩猎的需要，喜爱穿耐磨性强和御寒性高的皮装，多以狍皮制作而成，长袍拖至脚背。男式中间开裾，以适于骑射和奔跃；女式皮袍则两侧开裾齐腰，其衣襟、袖口、底边及开裾处均绣有花卉鸟兽图案，形态粗犷、大气。赫哲族穿的鱼皮长衫（用数张熟好的鱼皮缀连、缝制而成）颇似旗袍，别具风采。

蒙古袍是蒙古族传统服装，多用羊皮制成，比较肥大，既便于骑马时护住膝盖，又能在夜间当被盖，蒙古袍细而长的袖筒在冬天可为骑马人的双手御寒，在夏天可防蚊虫叮咬。红绿绸带扎系腰间，可使腰肋骨垂直稳定和更加强健有力，并有御寒和装饰作用。

青藏高原的藏民均穿藏袍。藏袍的特点是大襟、长袖、肥腰、无兜。牧区多以皮袍为主，城镇居民多以氆氇为料，也有用哔叽等制作的。青藏高原日夜温差大，藏族牧民即使在夏季也多穿着皮袍，以适应天气的骤变，当正午阳光强烈、气温较高时，他们就将袍子缠于腰间，或将右胳膊露在袍外，形成了一种别致、优雅的穿戴风格。冬季寒冷，还可将长长的袖子当"口罩"护住口鼻。

在多民族聚居的新疆，维吾尔族男子穿的齐膝对襟长袍"袷袢"十分普遍，乌孜别克族称之为"托尼"，哈萨克、柯尔克孜、塔塔克等族也都类似，有棉的，也有用驼毛织成的。

袍子是我国主要的御寒民族服装之一。上述着袍民族的分布区域，均为较高纬度和较高海拔的地区，袍子的结构具有明显的御寒功能。除气温较高的新疆，男子的袍子长至膝盖下，其他地域袍子都很长，蒙古袍和鄂伦春族的袍长及脚背，藏袍有的比身体还长，骑在马上可护住膝盖乃至小腿。袍的袖子一般都很长，藏袍的袖子有的比胳膊还长 40 厘米左右，长长的袖子既可以护住双手，又可以举起护住面部。斜襟、右衽或左衽可以防止冷空气进入。穿袍者均束腰，主要是为了防止冷空气的上下对流，尤其可以保住身体上部的热量。袍子的原料多选用本地羊皮、羊毛制品（氆氇等）、狍子皮、鱼皮及布、丝绸等，因气温的地域不同和季节变化袍子有皮、夹、单之分（见图 10）。

图 10　富有民族特色的袍子

靴子也是上述地区各民族的服饰之一，是适应自然环境的产物。蒙古族男女一年四季都穿皮靴，冬天靴里套羊毛毡袜。藏族的靴子种类较多，有全牛皮靴、条绒腰花靴和毛棉花氆氇腰及箕巴靴等。哈萨克族牧民多穿长筒马靴。维吾尔族人多穿半高筒靴。乌孜别克族人喜爱穿"奥台克"（意为皮靴）。柯尔克孜妇女喜欢穿高筒的绣花靴。赫哲族人早年穿的靴叫"温塔"，是用鱼皮做成的，鄂伦春族人穿的皮靴叫"奇哈米"，是用狍子皮做成的。长皮靴可以御寒，也是适应沙漠（地面日温差大）、戈壁、冰雪、草地、山地等恶劣的地表环境，用来保护腿脚，便于行走、登山和骑马。

3. 坎肩

坎肩一般穿在外面，主要是适应日温差大的缘故。早晚较冷身着坎肩，坎肩能护住胸背；午间热时，两袖臂膀处可以通风，不会太热。因此，穿坎肩的民族多集中在我国日温差大的西南山区与西北地区。

我国西南山区地势较高，大气稀薄，纯洁干净，太阳辐射强烈，夜晚大气保温作用很差，气温急剧降低，故日温差较大。此地多数民族穿坎肩，妇女穿坎肩最为普遍，这可能与适应气温变化和坎肩具有装饰打扮作用有关。如白、彝、纳西、普米、仡佬、傈僳族的妇女都穿坎肩。西藏米林地区的珞巴族博嘎尔男子身穿黑色坎肩。白族女子上身最好的衣着是坎肩，姑娘以红、蓝色坎肩为主，成人多穿黑色坎肩，婚后女人要有一件黑金丝绒坎肩作为礼服穿着。西北地区沙漠、戈壁日夜温差大，穿着坎肩服饰的以甘肃、宁夏地区的回、保安、东乡、撒拉族最多。他们夏天穿白色马夹衬衫外套一个黑坎肩。到了严冬，穿上棉质的青色马夹或用羊羔皮做里、黑布料为面的坎肩。青海的土族人多穿黑色或紫红坎肩，乌孜别克族女子多穿红色坎肩。我国北方的朝鲜族男子、鄂尔多斯蒙古族已婚女子也穿着坎肩，在春秋季节，中老年妇女也多穿坎肩。

4. 裙子

裙子，是气候炎热地区女子的服装，它的式样、颜色、图案等在很大程度上与自然环境特别是气候和地形条件有一定关系。穿筒裙的民族主要有傣、黎、布朗、景颇、德昂、阿昌、珞巴、仡佬、拉祜族等，根据气候和地形差别，裙的长度也有所不同。一般说来，气温愈高的地方，筒裙愈短，如海南岛黎族女子的筒裙最短。有趣的是黎族的侾黎（黎族分支）男子也穿筒裙，美孚黎（黎族分支）男子则穿黑色白边开叉短裙。着百褶裙的民族主要有苗、彝、哈尼、布依、侗、傈僳、瑶、纳西、普米、德昂和部分壮族。如苗族居住分散，分布地域广大，所处自然环境复杂，故长裙可长及脚背，中裙长及膝上 15 厘米左右，短裙仅长到臀部。这反映了气候与地形的差别。

着连衣裙的民族主要有维吾尔族、哈萨克族、塔塔尔族、塔吉克族、乌孜别克族、柯尔克孜族等，均在新疆。女子一年四季都穿裙子，因季节变化而在裙子下面穿单、夹、棉长筒袜。其连衣裙的长短、花色也因各地的地理环境不同存在一定差别。朝鲜族女子身穿上及胸部、下及脚背的白色肥大长裙，其裙子特征除与民族习惯有关外，也与当地的自然环境有一定联系。裙子长反映了适应气候寒凉的需要，裙子短则反映了适应气候湿热的需要（见图 11）。

5. 短衣

东南亚地区和中国的广西南部，气候炎热，雨水充沛、河网密布，林木繁茂。这里的人们常常穿着无领的上衣，上装和下装的造型都以短小贴身为明显的特征。人们下地劳作，趟水过河、嬉闹玩耍常常要与水打交道，而贴身的短小服装则正适合这一特征。这些衣服穿脱方便，即使打湿也易晒干，游水时又如泳衣一样紧贴在身上极为方便。多水地区也常常灌木成丛，林木遍地，短式的衣着打扮则为人提供了更多行动上的方便。同时，短小的衣服也利于人体排汗。

图 11　具有浓郁民族风格的美丽裙饰

6. 鞋子

足蹬高跟鞋是当代女性时髦的标志之一。然而，谁又知道，高跟鞋的出现与气候有关。欧洲西部及地中海沿岸的国家，雨水充沛，经常阴雨连绵。历史上，无论是亚平宁半岛上的意大利著名水城威尼斯，还是法兰西的大都会巴黎城以及大英帝国的首都伦敦，常常可以看到人们在泥泞的道路上行走，稍不留意，就会将身上弄得污浊不堪。水造就了欧洲的繁荣，但给人们在交通上造成了很大的麻烦。在水城威尼斯，人们常用那纵横交错的水路来充当交通道路，但小船中常常有积水，并不时打湿了那些贵妇人的脚面。因此，不知从何时开始，一些女性出门之时，就开始穿上了鞋跟颇高的鞋子，久而久之，这种鞋子就成了女性们喜欢的"宠物"。与高跟鞋具有同样功效的是拖鞋。其中日本的木屐是闻名于世的，这与日本是一个海洋中的岛国环境有一定关系（见图 12）。

图12 脚穿木屐的日本女子

海洋性气候使这里常年多雨，气候潮湿，路面泥泞。因此，大和民族的祖先就发明了一种用木头制成的鞋子来防水，这就是木屐。在欧洲的北部，荷兰人也曾有过穿木鞋的习惯。当然他们的木鞋与日本的木屐不同，是用木头凿刻而成的，不是像日本木屐那样仅由鞋底和上面的扣绊组成。荷兰是世界上有名的"低地之国"，尽管与日本相隔万里，但同样属于多雨潮湿的海洋性气候，与日本的气候和天气极为相似。其实，如果我们再留心考察一下多雨地区人们的穿戴，就会发现，穿木鞋是较为普遍的现象，就拿中国广东、福建等沿海地区来说，早年人们就有着穿木拖鞋的习惯。一直到20世纪50—60年代，即使在北方的城市街头，你也不难发现这里的广东籍居民穿着木制拖鞋穿梭街市。那时，塑料制成的拖鞋和凉鞋还极少见。木制鞋显然是最好的防水工具。在一些公共浴室中，人们也常常用木制的拖鞋。

此外，有些气候还会在人们的装束上打上一些特殊的标记。英伦三岛上的英国人常常带着一把雨伞，以备随时出现的雨水。这里气候湿润，天气时晴时阴，常常阴雨连绵，故英国人在出门之时是不能不带雨伞的。久而久之，头戴礼帽，身着礼服，手提雨伞的形象，竟然成了英国绅士在人们心目中留下的印象了。

二、东辣西酸，南甜北咸
——饮食与地理环境

世界各地饮食习惯形形色色，美味佳肴纷繁众多，在空间分布上具有较明显的地域性特征，许多饮食地域特色的形成与地理环境有一定关系。这是因为各地的自然条件不同，各地种植的作物和饲养的牲畜与家禽，捕获的鱼类、野生动物，以及采集的植物都不相同，加上自然环境对人体生理上的某些影响以及历史上的饮食文化传统各地有别，因此各地的食物组成、制作方法、传统风味也各不相同。

例如，从主食结构上看，我国南方气候湿热，盛产水稻，因此以大米为主食；北方气候干冷，适宜种植小麦，因此以面粉为主食；西部、北部草原地区，畜牧业发达，这里民族以肉、奶为主；居住在河湖、森林地带的一些少数民族则以野味或杂粮为主食。

在副食口味上，各地的差别也很明显。例如在我国，人们常常把食俗口味笼统地概括为"南甜、北咸、东辣、西酸"。这虽然不完全准确，但也大体上反映了我国饮食风味的地域差异，同时也反映了食俗口味与地理环境的关系。有人研究发现，喜辣的食俗多与气候潮湿的地理环境有关。例如四川、湖南、湖北、江西、贵州等地居民多喜辣（我国流传有"湖南人不怕辣，贵州人辣不怕，四川人怕不辣"之说)，而东北的朝鲜族也喜辣，这些地区喜辣主要与当地气候湿润（如川南、黔北、湘北、鄂西南、赣中、重庆等地是全国著名的"高湿区"，有的地方月平均湿度近于90%）和冬春阴湿寒冷有关，这种气候易使人患风湿寒邪、脾胃虚弱等病症，经常吃辣可以驱寒祛湿、养脾健胃，对健康有利。又如山西人爱吃醋，过去一些山西人出门都带着醋壶，这都反映了食俗方面喜酸。这是因为这些地区，特别是黄土高原、云贵高原地区的水土中含有大量的钙，这样通过饮食易在体内引起钙质淀积，形成结石，而多吃酸性食物据说有利于减少结石等疾病。

从科学的道理来看，一方水土"养"一方人，所以一方人应以当地土产的食物为主食。现代社会人的流动性大，打乱了这种地域性生活习性，初到一地往往会引起水土不服。因为不同地理带的人的饮食结构是不一样的，比如寒带人应进食阳性食物，热带人宜进食阴性食物，温带人则进食中性食物。

在烹饪上，我国大体分为"北味"与"南味"两大流派，在此基础上形成粤、川、苏、鲁四大著名菜系。这些地方风味因各个地区的自然地理环境和人文地理环境的影响而形成各具特色的加工方法。例如，广东地处南亚热带，终年暖热，暖热的气候食物易变质腐败，而新鲜食物又可源源不断供应，使得广东菜（粤菜）系偏清淡、生脆、鲜嫩，加之地形复杂、海陆兼备以及开放的区位（受外来文化影响较大），食物来源广泛，故菜点花色繁多，品种奇异，并糅合西菜的特色（见图13）。四川地处盆地，潮湿多雾，因而四川菜系以麻辣辛香为特点，以驱寒除湿（见图14）。江苏河湖众多，海域辽阔，土地肥沃，水产丰富，果蔬肥美，有人谓之"春有刀鲚夏有鱼，秋有肥鸭冬有蔬"，一年四季连绵上市，供应不绝，加之江南历来是人文荟萃之地，故而江苏菜（淮扬菜）系浓淡别致，色、形、味俱佳（见图15）。山东菜系因其靠山临海，多山珍海味，且齐鲁大邦乃礼仪之乡，故而山东菜系多以山珍海味为原料，风格富贵华丽，讲究壮阔排场（见图16）。中国四大菜系在文化地理方面的比较见表1。

图 13　广东菜

资料来源：http：//image.haosou.com.

图 14　四川菜

资料来源：http：// image.haosou.com.

图 15　江苏菜

资料来源：http：// image. haosou. com.

图 16　山东菜

资料来源：http：// image. haosou. com.

表1　　　　　　　　中国四大菜系文化比较

菜系	原料	烹饪特色	文艺比喻	文化风格	地理背景
广东菜（粤菜）	野生物种，生猛海鲜	华丽奇特，生脆鲜嫩，中西结合	粤风，广东音乐	热烈鲜丽	地形复杂，气候炎热，区位开放
四川菜（川菜）	山珍土产	灵巧多样，麻辣味浓，家常感觉	竹枝词，川剧	质朴灵秀	地形复杂，气候潮湿多雾，环境封闭
江苏菜（苏菜）	水鲜果蔬	咸甜适中，清淡平和，讲究刀工	吴声歌，越剧	温婉秀雅	水乡泽国，气候温润，人文荟萃
山东菜（鲁菜）	海味家畜	咸鲜纯正，丰盛实惠，风格大气	拟民歌，山东快书	浑厚深沉	靠山临海，孔孟之乡，礼仪之邦

　　中国饮食文化研究专家赵荣光教授将我国细分为 11 个饮食文化圈，用以表示饮食口味的地域差别。即东北地区饮食文化圈，口味特点咸重，辛辣（葱蒜），生食；中北地区饮食文化圈（主要集中在内蒙古），口味特点以咸重为主；西北地区饮食文化圈，口味特点以咸为主，辅以适当的干辣椒和辛香料；黄河中游地区饮食文化圈，口味特点酸辣，味稍重；京津地区饮食文化圈，口味特点以咸香为主，兼容并蓄八方风味；黄河下游地区饮食文化圈，口味特点咸鲜，味正，（葱蒜的）辛辣；长江中游地区饮食文化圈，口味特点酸辣和微辣，但辣的程度不如西南地区；长江下游地区饮食文化圈，口味特点咸甜适中，清淡，但甜食较其他地区突出；西南地区饮食文化圈，口味特点麻辣，酸辣；东南地区饮食文化圈，口味

特点清淡，咸鲜；青藏高原地区饮食文化圈，口味特点咸重，微辣，辛香。这些饮食口味的地域差别与地理环境的差别有很大关系。

酒在饮食习俗中有重要的地位，从一个很重要的方面体现着我国的民间文化。酒类的生产与消费具有明显的空间分布特征。这是因为不同特性的酒多与独特的地理环境有密切的关系。例如，葡萄酒是世界上种类最多的一种酒，有些著名的葡萄酒在瓶的标签上标出其葡萄产地的独特气候与土壤等环境条件的简明内容，以便向人们昭示和宣称其所饮用的这种酒的特征与价值。我国的一些名酒，如贵州的茅台、四川的泸州老窖等，据称与当地的地形、气候条件有关。生产这几种名酒的厂家都设置在空气稳定、气候湿热、温度波动较小的谷地或盆地，这里能提供有利于发酵微生物繁殖的环境。如茅台峡谷及其上空每立方米空气中，有适宜酒分子发育的微生物 270 万个单位，是一般乡间空气中同一指标的 900 万倍，因而对酿酒十分有利。

名酒的形成，更与特定的水质条件有关，即如常言所谓"水是酒之骨，酒是水之魂""水好一半酒""甘泉出佳酿"。例如，茅台酒用的是赤水河之水，它须在茅台峡谷至朱旺沱之间的河段水面提取；五粮液用的是岷江江心水；古井贡酒用的古井泉水；绍兴酒用的鉴湖水；剑南春之水取自千古流芳的诸葛井；青岛啤酒用的是著名的崂山矿泉水；酿造汾酒的水，采自杏花村花岗岩裂隙的优质矿泉水，更是有"煮饭不溢锅、久盛不锈皿、洗头能黑发"之誉传。这些各具特色的优质水是各种名酒酿制的基础条件。

此外，酒的消费习惯也有地域上的差别，一般来说，我国酒的度数北方高于南方，北方寒冷地区的人们多喜欢饮烈性白酒，而气候较炎热的南方的人们则喜欢低度的米酒和果酒。

三、地域的镜像——聚落与地理环境

聚落，包括村落与城镇两种类型，是人类社会的重要组成部分和地表上的重要文化景观，其建筑材料取自于地理环境，其发生发展过程及空间形态深受地理环境的影响，并综合反映了人类活动与地理环境之间的关系。聚落与地理环境的关系，是聚落地理学研究的中心课题。

1. 村落、民宅与地理环境

关于地理环境对中国村落的影响等课题，著名人文地理学家金其铭先生进行过卓有成效的研究。他在《农村聚落地理》一书中，对地理环境对聚落的影响进行过分析论述。下面我们分别就气候、地形、地表水等自然地理要素对村落的影响进行一些分析说明。

气候影响：如各地降水量的大小直接影响到房屋的建筑形式，这在农村很明显。一般来说，降水多的地方，屋顶坡度较大，以利泄水，反之屋顶坡度较小。在气候特别干旱的地区甚至屋顶都是平的。这一点，我们可以从表2中不同地区的屋顶坡度与年降水量的对应关系看得更加清楚：

表2   **屋顶坡度与降水量**

地区	屋顶坡度	年降水量
西双版纳	近于直立	1600~2000 毫米
江浙地区	坡度较大	1200~1600 毫米

续表

地区	屋顶坡度	年降水量
鲁南、苏北地区	相对平缓	700~900 毫米
陕北	接近水平	400~600 毫米
新疆	水平	50 毫米

从表 2 我们可以看出民宅屋顶坡度与我国降水量分布的相关性。

有趣的是，民居中形形色色的屋顶与气候关系十分密切。在房屋的各种形态中，屋顶是最引人注目的轮廓。屋顶的形态深受当地气候的影响，它直接承担着应对雨雪、风力和日照等自然环境因素影响的职能。在多雨或多雪的地区屋顶坡度陡，在少雨干旱的地区屋顶平缓，甚至是平顶屋。例如：在北欧冬季积雪厚重的地区，屋顶多呈 45 度以上的斜面，以免大量积雪压垮屋面。在西欧多雨地区常见金字塔屋顶，以利雨水迅速下泄。在中亚干旱无雨、少雨地区，常见平顶建筑。在雨水较少的地中海沿岸，屋顶坡度较小，屋檐几乎不向屋身外延伸。在日本雨多、风强的地区，屋顶呈人字形，坡度较陡，房山向房身外伸出较长，以利挡风避雨。比利牛斯山中巴斯克人的屋顶大而缓，而且两侧不对称，向雨的一侧伸出较长，而另一侧较短。我国东南季风区域多人字形屋顶，夏秋多雨季节，较陡的人字形屋顶利于双面泄水；西双版纳地区的傣楼屋顶四边倾斜、形态较大而陡，被称为"孔明帽"，以适应常年多雨的环境；黄土高原地区降水较少，许多房屋仅在一侧有倾斜的屋面，称为单面倾斜屋顶（有"房屋半边盖"之说）。

此外，我们还不难发现，我国南方屋顶出檐较长，可以使屋顶过多的雨水下泄时"射程"远，有利于保护墙面不被雨水冲蚀；

北方屋顶出檐较短，因为它们无雨多之忧。从屋檐口看，南方屋檐口向外挑出许多，这既有避雨（水）、又有遮阳之功效；而北方屋檐口向外挑出较少，也因无多雨（水）之患。

再就合院式民居而言，我国北方多为分散式，南方多为聚合式，这主要是因为东北、华北的气候寒冷，冬天日照角度小，为了争取较多的阳光，故分散房屋，加大院子，以增加阳光接触，延长日照时间。长江流域与华南地区，光热充裕，夏季炎热，为了减少日照，故合院采用聚合式，中庭比较狭小，以便遮阳。长江三角洲地区，民居为适应该地潮湿炎热气候的需要，房屋建筑采用敞厅、天井、通廊等开敞通透的布局，墙的外壁多抹白灰，以减少对阳光的吸热效应。

我国西南地区气候炎热，雨量充沛，虫蛇较多，民居建筑多采用木竹架空式即"干栏式"结构，如贵州苗族的吊脚楼、云南傣族的傣楼等，使居室脱离地面，人居其上，畜养其下，在通风、消暑、避潮、防洪与防避虫蛇侵扰等方面十分有效。

我国东北气候严寒，民居以保温、防寒和采暖为特色。住房外墙很厚，朝南的窗户开得很大，朝北基本不开或开小窗，楼房窗户还常安装双层玻璃。房屋之间相隔的距离较大，以便于争取较多的日照。房屋设有火墙火炕，对室内起着增温作用。

青藏高原昼夜温差极大，终年风强雨少，故多采用土石造的平顶厚墙建筑，白天利用厚墙吸热，到了夜晚厚墙散热，恰可增温祛寒。

顶尖、墙厚、窗小的阿拉伯式建筑，顺应中东地区气候炎热干旱的特点，尽量减少白天太阳热量通过屋顶、墙壁传导进入房间或通过窗户流通进入房间，力求保持夜间凉爽的气温。

在欧洲，从英国南部、荷兰、比利时，到德国、波兰、立陶宛，再往东到俄罗斯，房屋墙体的厚度不断增加，是为了抵御冬季气温越来越低而带来的严寒。

地形影响：如山区的居民，多依山建筑居民点，高矮参差，成为一种山村或山区集镇。苗族、土家族的吊脚楼，即傍山而筑，整个楼房的前房的前半部是用木柱撑在斜坡上，铺以木板，再在上面建造住宅，远远看去好像悬空一般，整个村寨显得雄伟险峻。而且山区的许多住宅，多用石料建筑，就地取材，形成一种特有的聚落外观。山区村落一般较分散、规模较小。平原地区，村落一般较集中、规模较大，而在被包围的孤立山丘和易受水淹的河流两岸、湖滨滩地或盆地中心洼地，往往成为聚落的空白地区。同时，由于受地形的影响，聚落在几何形态上也呈现出明显的差异。

地表水影响：聚落的位置必须有方便的且较洁净的生活水源。在我国广大的干旱地区，聚落的分布与水源的关系显而易见，即使是在我国广大的湿润地区，聚落的分布也明显受到用水的影响。在水网稠密的地区，聚落比较集中，且规模较大。在水网稀疏的地区，聚落比较分散，且规模较小。在河流易渡之地，较先发展成村落，如黄河中游的风陵渡、大禹渡、茅津渡等。在江南的丘陵山区，村落一般分布在山麓和开阔的河谷平原，这与居民用水等有关。山上的孤村或寺院也多建筑在泉水出露处。长江三角洲的水乡地区，河网密布，村庄之间多靠舟楫往来，很多村庄皆沿河湖分布，临水建筑，不少民居面街背水而建，可谓"人家尽枕河"。民居临水挑出一段靠背栏杆，是夏季纳风凉、冬季晒太阳的好地方。沿河筑有台阶、码头，便于淘米、洗菜、洗衣和乘船（见图17）。

在地理环境和地域文化的影响下，不同地区、不同民族的民居和村落都有着自己独特的建筑艺术风格和特色，这些风格和特色的形成与当地的自然环境、民风民俗和生活方式有密切关系，可谓"地域环境的一面镜子""地域文化的结晶"。我国民居的外观虽然种类繁多，但大致可归纳为合院式（如四合院、三合院）、干阑

图 17　人家尽枕河——江南水乡

（栏）式（用竹、木等构成的底层架空的楼居）、碉房（青藏高原
的住宅形式，用土石砌筑形似碉堡的房屋）、毡包式住房（如蒙古
族的蒙古包、哈萨克族的毡房、藏族的帐房）、阿以旺（新疆维吾
尔族民居，多为平顶土屋，房屋连成一片，平面布局灵活，庭院在
四周）等。中国民居建筑颇具特色的有北京的四合院、广东客家
的围龙屋、福建的土楼、皖南的徽派风格民居、西南地区的吊脚楼
与傣楼、黄土高原的窑洞、青藏高原的碉楼、内蒙古草原的蒙古包
等（见图18）。

　　这里仅就我国代表性的几种民居的主要特色略作介绍：

　　四合院和院落住宅：中国传统居室多采用院落式构造，建筑布
局规矩方正。由于各地自然环境的差异，四合院的具体形态千差万

图 18　各具特色的民居

资料来源：曹诗图等著：《旅游文化与审美》（第 3 版），武汉大学出版社，2010 年版。

别，但都呈对称布局。封闭式的外观，使整个院落自成一个相对独立的天地，幽静宜人，舒适安全。四合院朝向南或南偏东，这与我国位于北半球，大部分在季风区有关。朝南，有利于接受阳光。朝东南，夏季东南季风盛行，有利于空气流通，消减暑热。坚实的后墙朝北，可有效地抵御寒冷冬季风的侵袭。北方四合院是四面由房屋闭合而成院落，故称四合院。严密的构筑，厚实的后墙，既可防盗窃，又能保温、隔热、避寒，适应北方冬寒夏热、春季多风的温带大陆性季风气候的自然条件。江南院落住宅也呈封闭状结构。为了减少太阳辐射，院落东西宽而南北较窄，围墙高大而多漏窗，以适应温暖潮湿的气候特点。江南民居一般布局紧凑，院落占地面积小，以应对人口密度高、要求住宅少占耕地的特点。由四合房围成的小院子称"天井"，具有采光、排水、透气等功能。

干阑（栏）式民居：居住在云南、贵州等地的少数民族，由于当地气候炎热多雨，地面潮湿，为了使住宅能通风、防湿、防兽，采用下部架空的干阑（栏）式构造。一般用当地的竹料、木料搭成小楼，上层住人，下层作畜圈、碾米场、储藏室、杂屋等。上屋前部为宽廊及晒台，是家族的公共活动和接待客人的场所，后部是堂屋、卧室、火垅屋（火塘）。云南西双版纳的傣族、哈尼族等居住的传统高脚竹楼，是一种高楼式的干阑（栏）建筑。除屋顶外，柱子、椽子、围壁、门窗、楼板、楼梯都由竹子制作。竹楼用几十根竹子支撑，外形像一顶巨大帐篷支架在高柱上。顶上盖着茅草编的草排。在离地 2 米多处铺楼板或竹箅。楼的四周用竹、木围住。竹楼下部架空，上层住人，既可隔潮，又能防虫、蛇、野兽。随着傣族等地区经济发展，新建的砖木结构的瓦房和钢混结构的楼房不断增多，但仍保持传统高脚竹楼的某些建筑元素符号。

毡包式住房：如蒙古包等，蒙古包是蒙古族居住的一种毡包式住房。这种住房多呈圆形尖顶，上面覆盖羊毛毡子，包顶上留圆形天窗，可通气、透光、排烟，遇有雨雪或寒风则关闭。蒙古包四周围有木条做成的墙体骨架，并留出朝南的门口。用细木椽子组成伞骨形圆顶，墙体和帐顶覆盖羊皮或毛毡，并用绳子绑紧。冬季外面加罩两三层毛毡防寒，夏季搭帆布或柳条以祛热。小型的蒙古包内无支撑，大型的有支撑柱。蒙古包搭建拆迁较方便，适合游牧生活方式。哈萨克族牧民春、夏、秋三季居住在毡房，顶部为圆弧形，四壁支杆为穹隆状，外围芨芨草编的席子，再覆毛毡，顶部开天窗。柯尔克孜族的毡包因地而异，天山以北是圆锥形的高顶毡房，天山以南是半球形的矮顶毡房。藏族和裕固族牧民一般住长方形、方形或椭圆形帐篷。用木条做框架，由牦牛毛编织而成，四周用毛绳牵引，并固定在地上。帐顶多为两坡式，中间留缝隙通风采光。冬暖夏凉，便于拆装、搬迁。

窑洞：黄土高原的居民，利用黄土壁具有直立性好、干燥而黏结的特点，挖成窑洞作居室，冬暖夏凉。挖建在沟壑、梁峁区的靠崖式窑洞，靠山或靠沟，分别从垂直的黄土山壁面或沟壁面开阔，可数孔并列，沿山坡叠层开挖，宛如阶梯形楼层。窑洞常呈曲线形或折线形，和谐美观。在黄土高原的塬区既无山坡又无沟壁，人们在平地上向下开挖成下沉式窑洞。院内设渗井排水，入口处挖成通地面的阶梯。窑洞节省土地，经济省工，冬暖夏凉，干燥防火，能防噪音，是因地制宜、因时制宜的一种建筑形式。

平顶土屋：地处我国西北内陆的新疆，属温带大陆性气候，降水稀少，气温变化剧烈，昼夜温差大，民居建筑具有鲜明的地方特色。维吾尔、乌孜别克、塔吉克等民族的住房，大多为方形、长方形的院落式平顶土房。以木材为房架，筑土为墙。房顶用木料、木板或树枝铺盖，上面涂上半尺左右厚的泥土，可用以晾晒粮食、瓜果。这种平顶房适合干旱少雨的气候。农家还用土坯砌成可晾制葡萄干的镂空花墙的晾房。住宅的后院是饲养牲畜和积肥的场地，前院为生活起居的场所，院中引进渠水，栽植葡萄、杏等果木。葡萄架既可提供鲜葡萄和葡萄干，又可蔽日纳凉和美化环境。由于新疆各地降水量不同，土坯房在构造上存在差异。如北疆的昌吉、伊犁地区降水量较多，土坯墙多用砖石做基础。天山南麓的焉耆的地下水位较高，民房采用高地基并在基础和墙身结合处铺一层防潮层，以祛湿、防风、御寒。楼上逐层缩小，下层屋顶为平顶，是供晒谷物等的晒台。

堡垒碉房：如青藏高原的碉房，碉房是中国西南部的青藏高原以及内蒙古部分地区常见的居住建筑形式。这是一种用石头垒砌或土筑的房屋，因外观很像碉堡，故称为"碉房"。藏族碉房主要分布在西藏、青海及四川西部一带，为了适应青藏高原上的气候和环境，传统藏族民居大多采用石构建筑，形如堡垒。碉房一般有三到四层。底层养牲口和堆放饲料、杂物；二层布置卧室、厨房等；三层设有经堂。由于藏族信仰藏传佛教，诵经拜佛的经堂占有重要位置，神位上方不能住人或堆放杂物，所以都设在房屋的顶层。为了扩大室内空间，二层常挑出墙外，轻巧的挑楼与厚重的石砌墙体形成鲜明的对比，建筑外形因此富于变化。藏族碉房民居色彩朴素协调，基本采用材料的本色：泥土的土黄色，石块的米黄、青色、暗红色，木料部分则涂上暗红色彩，与明亮色调的墙面屋顶形成对比。粗石垒造的墙面上有成排的上大下小的梯形窗洞，窗洞上带有彩色的出檐。在高原上的蓝天白云、雪山冰川的映衬下，座座碉房造型严整而色彩富丽，风格粗犷而凝重。碉房具有坚实稳固、结构严密、楼角整齐的特点，既利于防风避寒，又便于御敌防盗。

2. 城镇与地理环境

城镇是具有一定人口和规模并以非农业人口为主的居民聚居地，是聚落的一种特殊形态。城镇的发展与地理环境的关系非常密切，城镇的发展不仅本身受到地形、气候、水文等地理环境因素的制约，而且城镇也在改变并形成自身特点的地理环境。

地理位置影响到城镇的选址和形成发展。从交通位置上说，在铁路尚未出现以前，城镇多建设在水路要道，方便的海港或河流附近；铁路出现之后，大多数的较大城市往往分布在铁路沿线或铁路与铁路的交会点，或铁路与河流的会合点上，或通向河流及海岸的铁路附近。如我国的较大城市主要集中分布在大河沿岸、铁路干线沿线以及海岸线上，可见地理位置对城镇的形成与发展起着重要的制约作用。

地质与地貌条件对城镇的形成与发展的关系相当密切。地质条件对城镇的影响突出地表现在地震及地面沉降上，例如城镇下面的地质构造如果有断层并且具有活动性，往往造成对城镇的毁灭性的灾害。从历史上看，有些城市就毁于地震灾害，如我国 1976 年的唐山大地震，日本 1995 年的神户大地震，使全城建筑几乎全部倒塌，死伤者数以万计。如果城市建在河流的冲积物上，加之大量抽取地下水，容易导致城市地面下沉，造成建筑物损坏、排水困难等问题。城镇用地最好的地貌条件是大块地势稍高、地面平坦的地方，这样，建筑物、道路与基础设施都比较好安排，并减少各种投资。我国大中城市中的绝大多数位于平原或河谷、盆地，在这种地貌条件上建设城镇，建筑道路与房屋容易，对外联系方便，而且水源充足，并有广阔的腹地。

气候对城市分布的影响也很明显。我国早期的城镇，主要分布在黄河中、下游一带，即温带半湿润半干旱地带。这是因为这里气候冷暖适中，土地肥沃，有助于农业生产发展和人民定居生活，并有利于产生剩余产品和商品交换，为古代城镇的形成创造了必要的前提。气候对城市的影响在现代城市地理分布上仍有反映。据日本地理学家木内藏信统计，1983 年世界人口在 20 万以上的城市，有72.6%集中分布在温带范围内，干燥气候带仅占 5%（但是温带所占陆地面积仅为 15.4%，而干燥气候带却占 26.3%）。

水源条件是影响城镇形成与分布的重要条件。世界上的城镇绝大多数都分布在沿江、沿海、沿湖等水源充足的地方，因水而兴（见图 19）。沙漠中的城镇都分布在水源较充足的绿洲。这是因为城市集中了大量的人口、工厂和各种服务设施，都需要大量用水。水源条件在某种角度上讲可以说是城市分布的决定性因素。如果城市供水不足，就必须通过修建水库、开采地下水甚至采用调水的办法来解决。

此外，自然资源对于城市的形成与发展也有很大的促进作用。

图 19　因水而兴的城市——武汉

例如，黑龙江大庆市的兴建发展与石油资源直接有关；云南个旧市的兴起与锡矿资源有密切联系；湖北宜昌市的勃兴与水力资源开发（葛洲坝、三峡大坝的兴建）有着不解之缘……但是应该指出的是，地理条件、自然资源只是为城镇的形成与发展提供了可能性，把这种可能性变为现实，则需要发挥社会经济条件的相应作用。

地理环境对城市建筑风格与布局形态也有一定影响。例如，东、西方古代城市在布局及建筑风格上由于不同环境的影响，就存在着较大差别。东方的城市建筑一般布局严谨，比较封闭，多呈规则几何形态；西方城市一般布局灵活，比较开放，多为顺应地势的自然形态。这有着深刻的文化渊源与地理背景。东方文化渊源于大河流域，这里土地肥沃，物华天宝，具备自给自足的生存条件，居民活动范围较小，乡土意识浓厚，加上宗法制度下的伦理道德规范和政治上的专制统治等，反映在城市形态上是一种严谨、封闭的布局，城市轮廓多呈正方形或矩形，城内街道房屋呈棋盘状分布，城市周围建有高大的城墙和宽阔的护城河；西方地理环境比较开放，不少国家和地区在很大程度上受古希腊文化的影响，那时海上航运开始畅通，商业贸易和文化交流比较频繁，加上统治阶级宣扬和推崇民主政治体制，反映在城市形态上，出现了要求有大量可供人们进行各种规模活动的公共场所，如大街、广场、回廊、娱乐场所等，呈现了一种以公共建筑或广场为城市中心、路网呈环状放射形的城市格局，城市布局一般比较活泼、开放、松散，与同期东方封建国家的城市风格迥然有别。同时我国南北方城镇建设风格也不一样，中原城镇格局"秩序井然"，街道笔直通畅；江南城镇布局松散灵活，街道迂回曲折。北方城镇笔直宽敞的街道，仿佛是一个胸无城府的伟男，向人们敞开坦荡的胸怀；南方城镇弯曲舒缓的街道，宛如是一个优雅柔美的少女，向人们流露温婉灵秀的个性。

地理环境影响城镇建设，城镇建设反过来也影响和改变着所在地的地理环境，这里仅以气候的影响为例说明之。由于城镇建设主要是钢筋、混凝土等，这种硬质表面吸热与散热能力均较强，吸水性能差，加之城市本身也散发大量的热能（例如工厂、车辆等的排放），从而使城市上空的温度高于周围地区形成"热岛效应"。在降水方面，由于城市中的空气含有大量的尘埃，为水汽凝结提供了条件。一般而言，城市的降雨量要比周围乡村地区多 5%～10%。由于城市上空的气温比较高，这使得降雪量通常也比周围乡村地区要少 5% 左右。此外，城市的工业大量排放废气，汽车大量排放尾气，使空气受到严重污染，也影响和改变着大气质量和气候状况，如许多城市都有较严重的雾霾天气，直接威胁着城市居民的身体健康。

城镇是人类活动与地理环境相互作用的一种特殊的生态系统，正是由于它与地理环境的密切关系，已越来越引起地理学家和生态学家们的重视并产生浓厚的研究兴趣。

四、诗意的栖居——园林与地理环境

园林最早起源于中国，早在商周时期，我国就开始了营造"囿"（最早的园林）的活动。唐代的造园艺术已相当成熟。而西方约在 18 世纪才开始建造园林。中国园林设计精湛，追求自然，富有诗情画意，具有很高的美学价值与游览、观赏价值，被称为我国文化四绝之一（其他为山水画、烹饪、京剧）。中国园林在世界园林艺术中享有盛名，被誉为"世界园林之母"。

园林与地理环境有着密切的关系，这可以从造园思想、园林构成要素和地域分布特征等方面得到说明。

1. 造园思想与地理环境

中国古典园林景色富有诗情画意（诗是园林造景的理论，画为园林造景的蓝本。园林设计者多是诗人、画家），追求"三境"（生境、画境、意境），追求自然，追求情趣，追求含蓄，追求小中见大，追求集多种文化艺术于一体（如诗歌、书法、绘画、雕塑、建筑、园艺等）。讲究情景交融。造园艺术是儒家"中和"为美、道家"自然"为美、禅宗"空灵"为美三种古典美学思想的综合体现。

园林艺术并不以建造房屋为其目的，而是将大自然的风景素材，通过概括与提炼，使之再现，供人观赏，它是利用各种手段再现或塑造"自然美"的一种形式。它虽然为人工建造，但力求具有真山真水之妙，与自然环境融为一体，以达到身居闹市而享受山水风景的自然美与天然野趣之目的，它刻意创造一种小中见大、空灵玄远的精神空间，供人们游乐观赏、养性颐情。中国园林寄托着人们对祖国大好河山的眷恋之情，创造了人与自然和谐相处的艺术，并表达了中国传统文化中的经典美学思想。中国园林是"诗意的栖居"。

上述造园思想的形成，与中国特有的自然地理与人文地理环境的影响有关。和谐优美的山水自然环境使人们在造园中崇尚自然，追求自然美，注重造山理水。园林艺术不仅深受自然地理环境的影响，还明显受到人文地理环境的影响与制约。如中国古典园林滋生在东方文化的沃土之中，深受绘画、诗词和文学等文化艺术的影响，从而使之具有诗情画意的浓厚色彩。体现中国山水诗和山水画的意境与情调，追求诗情画意，一直是我国造园艺术的基本美学思想，同时，中国古代文人与造园艺术家由于深受儒家、佛家、道家文化以及"天人合一"等哲学思想影响，也使园林艺术上具有崇尚自然、空灵、和谐之美，追求恬静淡雅，正确处理自然与人为的关系，力求与环境协调等鲜明特点。

2. 造园要素与地理环境

自然地理要素是园林创造的基本素材。山、水、植物是构成园林的要素或主要角色。地形是创造园林美的首要条件。造园专家公认，地形起伏或山体可以表现出崇高的自然美，园林建造要选择有利的地形给人们提供登高远眺和俯仰观赏的条件。同时，山的体量高大，可以将园林分割成不同的空间，构成不同特色的景点，并能增添园林野趣的自然美，故山体有园林的"骨骼"之称。造园若不具备利用天然山丘的条件，便必须人工堆山叠石，堆（假）山叠石是中国造园的传统，我国大多数园林中的山是假山（人造山）。水也是组成园林的要素之一，造园追求山水结合，二者相映成趣。如果把山比作园林的"骨骼"，那么水则好比是园林中的

"血液"。在审美功能上，水可以增强园林的生气与动态美，并形成供人观赏的许多景色；水可以与山形成鲜明的高低对比，使山势更显壮观，景色更显秀丽（如颐和园等）；园中大面积的水还可以消除人的沉闷感，给人以空灵开阔、气舒胸展、洁净清爽之感觉。纵观国内外大小园林，都与水结有不解之缘，常常利用水景来衬托园林美，甚至以水作为园林的中心景物供人观赏、荡舟、垂钓等。苏州园林中的拙政园的景观特色就是以水取胜。植物或花木是园林的必备要素，在造园艺术中，如果把山谓之"骨骼"，水谓之"血液"，植物（或花木）则可以谓之"毛发"。树木葱茏，繁花似锦，方能显示出园林的秀媚与生机。园林中种植花木主要是为了绿化，美化环境，追求生境。绿色是生命之色，葱郁的草木能优化园林的生态环境，并可以吸引飞禽走兽，造成园林中鸟语花香、生机盎然的气氛，从而使人精神焕发，增添游兴。园林以充分发挥植物美为主的做法，是当今世界园林发展的趋势。西方文化在文艺复兴后逐渐放弃追求人为美而趋向自然美，东方文化深受"天人合一"的哲学思想影响，自古崇尚自然美。目前在世界园林艺术中，植物的地位日益受到重视。除上述自然地理要素中的山、水、植物以外，人文地理环境要素中的建筑（亭台楼阁、桥榭厅廊）也是园林的重要构成物，它与山、水、植物一起并称为造园的四大要素，它在园林营建中具有"画龙点睛"之功能，故有园林的"眼睛"之誉。正是山、水、植物、建筑这些地理要素的有机结合，才使园林具有丰富的审美价值与重要的游览观赏作用。

3. 园林类型与地理环境

园林类型有多种划分方法，不论何种分类，都可以见其地理印痕。这里仅就与地理环境关系较为密切的地域划分或地理分类作一些介绍。

（1）北方园林。北方园林多属皇家园林。主要集中在古都北京和黄河中下游的西安、洛阳、开封等地。这种情况与北方长期是我国的政治、文化中心有关。北方园林中的典型代表有北京的颐和园、河北承德的避暑山庄等。其突出特点是规模较大、宏伟壮观、富丽堂皇，建筑物的色彩以红、黄、绿为主，主体建筑物显赫高大，反映封建统治阶级的皇权意识。同时，还具有风格粗犷、多野趣以及各种人工建筑具有厚重有余、温婉不足的特点。如果用一个字来概括，即"雄"。总体风格特点与我国地理环境的"北雄南秀"的地域特征是一致的，这与我国北方人的审美观（崇雄尚刚）也十分吻合。此外，北方园林在建筑结构上较敦实、厚重、封闭，有着抵御寒冷与风沙之功能；建筑色彩以鲜艳之色和暖色为主，给严寒的北方以暖意；植被以耐寒耐旱的松、柏、榆、丁香、牡丹等为主，也与地理环境有关（见图20）。

图 20　北方园林——北京颐和园

（2）南方园林。南方园林多属私家园林，故又称为宅第园林。

多分布在江南的苏州、无锡、南京、扬州等地。其主要特点是规模较小，多奇石奇水（或假山假水），精巧素雅，韵味隽永，富有田园情趣，在建筑物的色彩上与北方园林明显不同，其色彩处理十分朴素淡雅。如灰色的小青瓦屋顶与水磨砖窗框，栗色或棕色的木梁架和装修，白粉墙等，这些色彩均为纯度低的复色，与青山、秀水、绿树的色彩十分协调，使整个园林显得十分秀丽、雅致。如果用一个字来概括，即"秀"。总体风格特点与我国地理环境的"北雄南秀"的地域特征是一致的，其美学特征与我国南方人的审美观（崇秀尚雅）也非常吻合。此外，南方园林建筑结构轻巧、通透、开敞，以起排水、防霉之功能。建筑色彩以素淡为主，给炎热的南方以凉意，也有着深刻的地理背景（见图21）。

图 21　南方园林——苏州园林

（3）寺观园林。寺观园林是以佛寺道观建筑为主的庭园，其总体布局常反映了对"旷达放荡、纯任自然"的老庄思想的追求，通常选取环境优美或险要之地，用以象征仙境，刻意体现宗教宣扬的"天国"的感应气氛。佛教、道教多在深山名川建造寺观，以自然景观为主作为构景方式，形成山林型的寺观园林。地处山巅的寺观，其地域特色是高山峻岭，地势险要，寺观居高临下，视野开阔，寺观建筑巧妙利用地形，色彩装饰朴实无华，与周围自然环境融为一体，如泰山绝顶的碧霞祠、青城山顶的上清宫、武当山的紫霄宫（见图22）等。地处山坳山麓的寺观，地域特色是山深林静，环境幽邃，寺观布局取宁静清雅之利、层叠曲折之巧（如峨眉山的伏虎寺、杭州的灵隐寺等），具有"曲径通幽处，禅房花木深"的意境，与自然环境很融洽。

图 22　寺观园林——武当山紫霄宫

五、心灵的寄托——丧葬与地理环境

　　丧葬习俗是一定时期社会形态、生产水平、民族文化状况和地理条件综合作用的反映与产物。我国幅员辽阔，地域差异显著，丧葬习俗千奇百怪，造成这种差异的原因很多，其中地理环境也是重要的因素之一。正确认识地理环境与丧葬习俗之间的关系，对于研究我国民族文化、历史以及丧葬改革等有着重要的意义。

1. 纷繁多样的丧葬风情

　　我国的汉民族主要分布在东部季风区的农耕地区，由于民族单一，地形平坦辽阔，交通便利，文化易于交融，故丧葬形式比较一致，历史上多以土葬为主，现在由于丧葬改革，多实行火葬。

　　少数民族地区由于自然及人文环境的综合作用，丧葬形式复杂多样，丧葬风情千姿百态，有的神秘奇特，如树葬、悬棺葬、风葬、天葬等（见图23）。

　　东北鄂伦春、鄂温克族主要分布于大小兴安岭林区，丧葬为适合其环境特点的树葬和风葬，即先将死者生前使用的弓箭、马鞍或熟皮工具、针线盒等器物放入独木棺中。若是无棺则用当地盛产的白桦树皮包裹尸体，然后把棺木或尸体架放在森林中的高大树上（树葬中的一种葬法）。现在多实行土葬，但对孕妇难产、暴病而死的人，一般实行火葬。满、朝鲜、达斡尔、赫哲等民族，主要分布在河谷平原地区，一般实行土葬，墓地多选在向阳的坡麓地带。蒙古族、裕固族普遍实行天葬、火葬，农区实行土葬。这与生活方式的变化（非定居与定居）有一定关系。火葬过去只限于大活佛

图 23 神秘奇特的葬俗

或贵族，葬后拾其遗骸，用骨灰和麦作饼，置于佛寺的圆形塔中，又称塔葬。天葬，蒙古族、裕固族有所不同，蒙古族的天葬是将遗体放在轮车上拉着跑，直到掉下来为止，待狼或野鹰吃掉后即认为死者已升入天堂。七天后若尸体仍在，便认为不吉祥，只好请喇嘛继续念经，向喇嘛布施，替死者祈祷消灾。有的是将死者置于荒野，让狼或野鹰吃掉，用自己的身体回报大自然，故又称野葬。裕固族的天葬是将尸体置于事先选好的地方，被鹰吃掉。这种丧葬习俗与蒙古族一样，若尸体被吃尽，则认为死者已升天，若未吃完，便要请喇嘛念经"超度"，直至吃尽。蒙古族天葬无墓地，而裕固族却有墓地，即从长辈排起，天葬一个垒一堆石头，表示祭祀。过去蒙古族的葬俗（如元代）是将遗体浅葬草原，再以万马踏平地面，使之不留痕迹，帝王将相亦是如此葬法，故无陵寝遗存，这可能与无定居的游牧生活方式有关。

西北各民族除俄罗斯族、锡伯族等民族外大多信奉伊斯兰教，实行无棺土葬。丧葬严格按照伊斯兰教义进行，提倡速葬、薄葬。当人死后，即请阿訇念经，然后净身。净身时必须男洗男、女洗女。葬礼由阿訇主持，送葬时妇女不许进入墓地，即使死者的妻子也不例外。墓地多在清真寺附近，墓多为土坟，尸体仰卧其中，但面部要侧向西方。俄罗斯族一般多信仰东正教，实行木棺土葬，但木棺多用松柏制成，葬礼按东正教的规定进行，一般在死后的两天举行。棺材一般由马车送往墓地，墓上要立十字架。锡伯族主要信奉原始宗教，实行木棺土葬，每家都有固定的坟地。一般男埋西、女埋东。

由于佛教在藏族经济、文化与生活中占有极为重要的地位，因而藏族的丧葬具有较浓的宗教色彩。达赖、班禅或其他大活佛实行塔葬，活佛和大喇嘛实行火葬；一般人实行天葬；染病死、夭折小孩、自杀等，多实行水葬或土葬。因藏族分布地域广大，故各地葬法又不尽相同。

珞巴族大多信奉原始宗教，盛行土葬，部分受藏族影响，也实行天葬、水葬。门巴族、土族均信仰佛教，但葬式差别很大。门巴族多以水葬、土葬为主，部分天葬、火葬或崖葬。崖葬只限于活佛和很有地位的人，火葬和天葬也仅限于喇嘛；一般人多实行水葬；暴病而死为土葬。土族普遍实行土葬，但又因地而异，大通、民和土族多行土葬，互助土族多行火葬，但对非正常死亡者，均行水葬。

南方各少数民族的葬式、葬礼、葬具等极为繁杂，往往同一条河谷上、中、下游或同一座山的山上、山下，因民族不同而出现不同的葬法；即使同一民族，也因分布地区不同而葬法各异。仅就葬具而言，黎、基诺、佤等民族用独木棺；傣、布朗、德昂等民族用竹棺；布依族多用枰木、杪木或红椿木棺，而不用松木、刺包木棺；高山族、仡佬族则分别用无棺椁、石棺等。葬法形形色色，举不胜举。

悬棺葬是古代一种比较奇特的葬式：在江河沿岸，选择一处壁立千仞的悬崖，用我们至今仍不知晓的方法，将逝者连同装殓他的尸棺高高地悬挂（置）于悬崖半腰的适当位置。葬地的形势各异，归葬的个体方式也略有差别：或于崖壁凿孔，椽木为桩，尸棺就置放在崖桩拓展出来的空间；或在崖壁上开凿石龛，尸棺置入龛内；或利用悬崖上的天然岩沟、岩墩、岩洞置放尸棺等。学者们依据文献及实地考察，认为在四川、重庆、湖北、湖南、江西、云南、贵州、广西、福建、台湾等省区的汉族及一些少数民族均有此种葬俗（见图 23 右上图）。

2. 地理环境对我国丧葬习俗的影响

从地理学的角度观察，我国纷繁的丧葬形式在空间分布上有规律可循，它深受地形、气候、资源、区位、人文等地理因素的影响与制约。

从地形影响上看，一般来说，平原地区丧葬形式比较统一，山区比较复杂。平原、盆地多盛行土葬，山地、高原则是土葬、石葬、火葬、树葬、崖葬、水葬、风葬、天葬等多种形式的丧葬习俗的分布区。这是因为，平原地区自然阻隔小，经济文化易于交流，有利于文化统一，丧葬习俗亦呈统一趋势，加之土层深厚、易于开挖，故盛行统一的土葬。但多雨水的平地一般不挖墓穴而在平地堆筑坟丘。而山区地理条件差别甚大，"十里不同天，百里不同俗"，各地民族风俗千姿百态，加之地形险阻，交通闭塞，受外来文化影响小，故各地丧葬习俗各不相同，山上山下、山前山后往往大不一样。地形对丧葬的影响，不仅影响其丧葬形式，还影响葬址的选择，如古往今来，我国丧葬多选址在背倚青山、面临平川的向阳之地。

从气候的影响上看，东北西部、内蒙古气候寒冷、干燥，这些地区的某些民族（如居住在这里的鄂温克族、鄂伦春族及部分蒙古族）过去多流行风葬或树葬，这与该地区风力特大的气候环境相关，因在干燥寒冷的劲风下，遗体易迅速干燥而不会腐烂。而南方气候潮湿，遗体易于腐烂，一般提倡速葬，且许多葬法葬式都与防潮防腐有关，如两湖一带流行的防腐措施是在葬坑中加填一层厚厚的白膏泥或"三合土"，三峡一带的巴蜀民族的防腐措施则是避开潮湿的地面，把棺木高置于悬崖之上的天然洞穴或人工凿成的洞穴之中，形成奇特的崖葬或悬棺葬。而分布于青藏高原的藏、门巴等族，由于这里气候高寒，存在大面积冻土层，故多实行天葬、水葬。即使实行土葬的民族，也是普遍把葬地选在易于防潮滤水的向阳坡地。

资源对丧葬的影响主要表现在葬具上。制作葬具首先必备原材料，一种葬具，如果为一个民族在相当长的历史时期内普遍使用，必就地具有充足易得的原材料。实行石棺葬、石室葬、大石葬的地区，当然首先得具有相当丰富且便于开采的石料；实行土葬一般要有土地和较深厚的土壤条件。以木棺为葬具的地区、林区多木棺葬。内蒙古草原地区多流行火葬，青藏高原一些地区多实行天葬、水葬，西北干旱地区的维吾尔、哈萨克、回、东乡、保安等民族实行火葬及无棺土葬等，自然具有宗教、习俗等种种原因，其中也与缺少石料与土壤、木材等有一定关系。

此外，地理位置及水文、土壤、地震、宗教、传统文化等地理因素对丧葬习俗也有一定影响。地理位置的作用主要表现在邻近地区民族文化的影响上，如东北地区南部边缘地带的石棺葬，与相邻的齐、晋文化影响有关；湖北东、中部的丧葬习俗往往比湖南更多接近中原文化的因素影响，湖北的西部的丧葬习俗比东、中部往往更接近重庆、四川与贵州等西南地区文化的影响。青藏高原上某些濒河民族多实行水葬则与那里河流湍急、自然净化力强的水文因素有关。川西南的土壤化学成分特殊，腐蚀性强，人们便创造了大石葬这种特殊葬式。福建、广东百越民俗的洗骨葬也与土壤腐蚀性强有一定关系；西南山区包括鄂西一带石灰岩地区土壤瘠薄，坑葬深埋不易，坟墓多用石块靠坡垒砌而成。西昌一带古今多地震，用大石垒为石葬，使其不易塌垮也是地理因素之一。人文地理因素对丧葬影响最大的是宗教信仰。如信仰伊斯兰教的回、维吾尔、哈萨克、塔塔尔、柯尔克孜、塔吉克、乌兹别克、保安、东乡、撒拉等民族，其丧葬严格遵循《古兰经》的规定，奉行"入土为安"的教义，提倡速葬、薄葬，实行无棺土葬，墓为土坟，修造坟墓忌用陶器砖瓦，葬礼由阿訇主持。信仰佛教的藏、蒙、傣、白、拉祜、裕固等民族，相信"转世再生"，普遍认为祖先的灵魂永存于阴间，会永远保佑子孙后代，因而丧葬期间宴请喇嘛或僧人诵念"超度"。过去大多数信仰佛教的民族长期实行火葬，认为火葬可净化灵魂，超度升天，但由于历史及地理原因，后来才逐渐改为其他葬式。信仰原始宗族的哈尼、傈僳、佤、纳西、景颇等民族，由于崇拜自然万物，在丧葬期间流行"送魂"仪式，提倡厚葬，一般都有"巫师"主持葬礼，并要择日、大摆酒席，或宰杀牲畜、祭奠神灵，都富有浓厚的民族宗教色彩。人文地理因素中的传统文化与古老习俗对丧葬也有重要影响，例如：苗族现居于山区，但丧葬祭祀却用当地缺少的水牛。这是因为，苗族先民原居平坝，平坝适于饲养水牛，自然就以水牛祭祖，后来因历史原因，被迫迁居山区，尽管山区不适合饲养水牛，但因祖先是用水牛祭祖，故这一风俗仍延至今日。此外，生产、生活环境安定与否，也影响丧葬习俗，一般来讲，生产、生活环境安定的地方，丧葬操办与墓地修建比较讲究（如湖北的恩施地区等地），而生产、生活环境不够安定的地方，丧葬操办与墓地修建不太讲究甚至比较草率（如历史上多战乱和自然灾害频仍的安徽淮北、江苏徐州等地）。

综观我国多种多样的丧葬形式及其对生态环境的影响，火葬较其他丧葬习俗更为科学合理和更具生命力，目前已成为发展潮流和基本趋势。这是因为，火葬不仅可以杀死细菌，有效防止因尸腐或传染病死者可能带来的疾病，而且省地省钱，同时也符合我国人多地少的国情。目前我国人口众多，用地紧张，木材奇缺，传统的木棺土葬发生了资源危机，加之环境卫生等方面的原因，许多地区和民族已开始放弃传统的丧葬习俗，理智地选择了一种符合当今自然资源与地理条件、更为科学的丧葬形式——火葬。实行丧葬改革、推广火葬，这在人口众多、土地匮乏、木材奇缺、经济较落后、环境质量较低下的我国，已势在必行。

六、天人调谐的期盼——风水与地理环境

  风水,亦称"堪舆",它源于中国古老的相地术,是流行于中国及东亚等地区的营建都城、住宅、墓地等建筑物时,用以指导考察环境、选择地点、设计结构,以期达到"优化"目的(人与环境和谐)的一门学问或民间文化。其核心内容包括对阳宅和阴宅的位置、朝向、布局及营造时间的选择。其主要研究内容是什么样的地理环境适合人类居住乃至安葬亲人。无论是人还是动物,都有主动选择理想居住环境的本能,这实际就涉及风水问题。祈求平安顺利、渴望生活环境与自然环境的和谐美好是人们的共同愿望,"风水文化"天然地存在于人的心目之中。因此,有人将风水称为"环境地理学"或"生活环境布局学"。历史上,风水被掺杂了许多迷信和糟粕。著名地理学家、北京大学教授于希贤认为:"风水属于具有'科学内涵、迷信外衣'的中国古代地理学的一个组成部分",它是一门实用性较强的文化地理学。著名景观学家、北京大学教授孔坚认为,"风水之理论本身并没有多大意义,其深层的景观思想才真正值得我们重视"。

1. 风水释义

  在中国古代,人们认为"风"和"水"的结合,就形成了万象滋生、生物繁衍的环境。地表的一切生命现象都离不开"风"和"水"的结合。人的生活离不开环境,简明地讲,选择与布局环境的知识系统,就叫做"风水"。实际上,中国古代的"风水"思想,是在当时哲学观念支配之下,选择与布局生活环境(包括

住宅、墓地、乡村、城镇、都市）的过程中逐渐发展起来的景观评价系统。它包含了古代人们对地理环境进行选择、规划、布局的思想。地表上有的地方富有生机与生气，有的地方则十分荒凉、贫瘠；有的地方隐藏着使人们生活平安、富裕、方便的有利因素，有的地方则潜伏着可能给人们带来不便和祸殃的不安定因素，于是人们把幸运、发财、吉利、人丁兴旺与好风水联系起来。"风水地理作为人们渴望趋利避害、获得吉祥幸运从而发展为对环境选择、规划、布局的知识系统，几千年来一直植根于社会物质、文化生活和风俗习惯的土壤之中"（于希贤，1992）。

衣食住行是人类必不可少的基本需求，它们都依赖于地理环境，其中"住"是人类需求的一个重要方面。

2. 理想的人居环境——天人和谐

按照风水理论，好的居住环境基本分为两类：一是背山面水，二是山环水抱。

我国位于北半球，大部分地区地处中纬度，海陆位置导致了典型的季风气候。冬半年多吹寒冷干燥的北向风，夏半年多吹温和湿润的南向风。背山（即住宅北侧为山），冬半年可以有效地抵抗寒潮和冷风对住宅的侵袭，夏半年可以接纳凉湿俱佳的夏季风，对居住者健康均有益。此外，夏季风暖湿气流受山地阻挡缓缓上升，致使山地降水增多，利于草木生长和生物繁衍，林木繁茂又可保持水土、调节气候，使居住者具有良好的生态环境。

住宅背山从地貌上来看，最好应是山前冲洪积扇。此处地势前倾，地表地下水必然在前方汇成河流或湖泊、池塘，"面水"自然形成。这可使居住者取水方便，供生产生活使用；同时排水也方便，以防暴雨或大雨过后住宅进水或过度潮湿。冲洪积扇地带一般土层深厚、地势较平，也利于建房和交通。此外，土厚地平利于耕作，地表地下水丰富利于灌溉，加之地势略为倾斜无旱涝之忧，农业必然兴旺发达。这样的地方确系一块"风水宝地"。以我国的首都为例，大至北京城，小至颐和园均是背山面水的风水结构。综观我国的城市、村落、民宅，绝大多数是选择在马蹄形凹地环境内，背倚青山，面带流水，坐北朝南，既有生活、生产之便，又享生态环境之利（见图24）。

图 24　天人和谐的村落

据上述分析来看，"背山面水"的实质是背冬季风、得夏季风，用水方便和排水方便。其实风水就是着眼于地理环境中的"风"与"水"。

更佳的居住环境是"山环水抱"。山环水抱的基本格局是居住区四面环山：北侧山地高大，东西南三侧山丘矮小。河流源于西北，南行绕流居住区前，从东南方向顺山口流出。即人们择居选址理想的"桃花源模式"（见图25）。

源于西伯利亚的冬季风在运行中受地球自转偏向力的作用，依次按西北—北—东北方向转变。"山环"中除北侧山脉可以阻挡冬

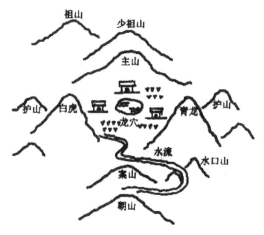

图 25　风水学中所说的理想环境

季风外，少量从北侧山脉两侧绕过来的风也会被左右两侧的山丘挡住。至于从西北和东北两方向来风的地区，这种山环结构也可以使住宅区"安然无恙"。同理，源于太平洋的夏季风也是在地球自转偏向力的作用下逐步按东南—南—西南风吹过来的。这些夏季风固然可以为居住区带来温和与凉爽，但大多带来的是酷热，热气流大量进入住宅区会对居民带来不适。但南侧和东西两侧的矮小山丘可以适度削弱夏季风，使之缓缓吹来。不少气流则是在东南山口增湿增凉后（因东南山口有河流流出），徐徐吹进居住区的，使居民感到温和、凉爽、湿润，有利于居民的健康。这种山环水绕的封闭空间里具有良好的小气候条件，自然会形成良好的生态环境，这也就是风水中所说的"气"。可以想象，居住区布局在北侧山前的冲洪积扇上坐北朝南，拒北来寒流，迎南向凉风，又可以争取到良好的日照；近水可取、可排、可洗濯、可养殖、可交通。临水空气湿度较大加之地形抬升导致降水增多，山上必然林木繁茂，调节气候，保持水土，还可取得部分燃料与木材；山上可植果树和经济林木，又能取得较好的经济效益。同时，马蹄形地貌或山环地形是汇集地下水源之处，这里地形也较稳固，不受强烈侵蚀和沉积。总之，山环水抱的环境空间具有较高质量的生活环境，而且还有优良的生产环境，容易在农、林、牧、副、渔的多种经营中形成良好的生态循环，自然也就成了一块吉祥福地了。放眼神州大地，"沃野千里"的东北平原、"天府之国"的四川盆地、云贵高原上的"坝子"、南方丘陵地区的小盆地不都是山环水抱的大小"风水宝地"吗?

至于埋葬亲人的墓地也要选择这样的"上吉之壤"，这主要是心理因素的原因。中国传统文化有着"事死如事生"的深厚情结。试想亲人死后不管是葬在背山面水之地，还是山环水抱之中，不仅环境优美，还可背风向阳，又无洪涝危害，逝者遗体可以长期保存，儿孙自然会心安神泰，精神愉悦，从而安居乐业。否则，人则心绪不宁等。这大约就是好风水对后辈人的"祐护"吧。这显然只是一种心理作用。我国帝王陵寝中著名的明十三陵（见图26）、清东陵和清西陵都是山环水抱的风水宝地。

图 26　明十三陵的风水格局

资料来源：http：//blog.163.com.

此外，我国城市、寺院、园林等建筑的中轴式布局，民宅中的四合院建筑格局，则是风水思想"对称"、"和谐"的体现。

3. 风水文化的地理探微

上面我们从宏观格局上探讨了风水与地理环境的关系，下面我们再从方向、位置、地质、地貌、水体、植被、土壤等具体地理要素方面来阐述有关内容。

自古至今的风水术中，选择住宅与墓地时，方位和方向是必须要考虑的内容。从方向上说，住宅与墓地都要坐北朝南，这是由于中国所处的半球位置和纬度位置所决定的。其目的是避风（寒）向阳，冬季室内也可以得到阳光。从方位上说，西北为一吉祥方位。咸阳地区之所以有众多的帝王陵墓是因为该地位于长安西北之故，典型的要数李治和武则天合葬的乾陵了。按八卦理论，"天为乾"，乾是西北方向。天子死后当然要葬于天的方位了。其实，这是中国山脉分布与走向的结构导致的。古人认为昆仑山发端分出北、中、南三大干脉，因昆仑山位于中原地区的西北方向，故把西北方向称为"天向"。

无论是阳宅还是阴宅，风水术都讲究龙、穴、砂、水，要按照"真龙"（山脉的走势）、"穴位"（居地的位置）、"砂环"（半围合的地形）、"水抱"（居地前有水流曲抱）四个准则仔细进行推定。其中主要目的在于寻求人与自然的和谐，有些具有一定的科学性。

在风水术中，"觅龙"是寻找风水宝地的第一个程序，即寻求山脉的延伸趋势。"龙"主要是指"位置"，风水宝地要山环水绕，水陆交汇，位于经济发达、交通方便的位置，有道路和河、湖、池等水域相连。故风水师说："左有流水谓青龙，右有长道谓白虎，前有池塘谓朱雀，后有山丘谓玄武。"这都是指找一个好位置。其次，"察砂"是寻找风水宝地的第二个程序。"察砂"是在龙脉背景分析的基础上，寻求"安定"的阳宅或阴宅的位置——"风水穴"。"察砂"强调寻求一个"左青龙、右白虎、前朱雀、后玄武"的四神兽或四神砂地形结构。在地形地势选择上一般要求后高前低，北高南低，西高东低。我国的许多村落、民居、陵墓和寺观都选择这种四神兽或四神砂的地形结构。如北京明十三陵中的长陵，后玄武为天寿山，左青龙为龙山，右白虎为虎山。此外，北京的碧霞寺、广东的飞来寺、江西的三清宫等都有明显的四神兽或四神砂的地形结构。

我国是一个多山的国家，只要不是一望无际的大平原，或大或小、或高或矮的山丘，往往毗邻相连，左右逶迤，弯弯曲曲，好似游龙出水，显示出它那脉络鲜明的风姿，那所谓的脉络，风水师们称为"龙脉"。从地理要素关系上看"觅龙"，其龙就是山的脉络，土是龙的肉体，石是龙的骨骼，草木是龙的毛发。从地形上说，"龙脉"就是延续较长的山脉或丘陵，从地质学的角度上来看，"龙脉"（脉络）是走向一致的地层，或是岩层的褶皱带构成的。在三大类岩石中，沉积岩地层其"龙脉"最为明显。有"龙"则有水，那沉积岩还是富含地下水的岩层。"龙脉"断裂的地方往往是断裂带或两种地质区域的接触带，这样的地方多为破碎区，地质基础不稳定，且漏水、少植被，也是隐患潜伏的地方，古人称之为"龙脉断了"或"走了风水"等。

河流、泉水与风水的关系也非常重要，因而"观水"也是寻找风水宝地的一个重要程序。观水包括对于地表水和地下水的观察，看其对阳宅或阴宅的利害关系。从大的方面来说，在河边建房要考虑河流的侧蚀，以免威胁地基的安全；要考虑凹岸和凸岸，凹岸在水的侧蚀作用下逐步变得陡峭且不断后退，一般不适宜建房、造坟；尤其是要注意牛轭湖的形成，防止河流自然裁弯取直，给居住地及坟地带来灭顶之灾。从小的方面来说，住宅附近要有水源，或河流、或池塘、或泉水，对水流要求"一喜环弯（曲水收气）、二喜归聚、三喜明净、四喜平和"。对河流、泉水、池塘等水源的水质要求则是"其色碧、其味甘、其气香"，等等，最好为活水。活水更新快，多为淡水，停滞的死水水质差，盐度较高，不宜饮用，并对阴宅的棺木有腐蚀作用。现代环境地质学研究表明，住宅区的地下如果有地下河流经特别是两条地下河交会，会产生有害的长波震动，对人体产生危害。科学家将这种地方谓之为"地理致病点"。因此，这样的地方应该尽量避免。

植物与风水的关系也很密切。风水先生往往以生物作为辨别风水好坏的标志之一，认为居住地应草木繁茂，苍松翠竹，森森绕屋。凡风水宝地多树木繁多，花草茂盛。茂密的森林，不仅能防止水土流失、阻挡寒风侵袭，而且还能改善空气质量（山林中的空气清新，含有丰富的负氧离子，对人体健康非常有益）。常见的风水林有三种类型：一是挡风林，即在西北方向地形缺口处大量植树造林，用以阻挡寒潮和冷风的进入。如东南方向有缺口，强劲的夏季风进入同时若有强度很大的暴雨，易造成洪水、山崩、滑坡等自然灾害，故此处也要栽植风水林，以防止或减弱自然灾害；二是龙座林，即在居住区后侧的山坡上植树造林，既可防止暴雨冲刷庭园房屋，也可在夏季时遮阴、调节小气候；三是下垫林，即在居住区前栽植风水林，防止流水及重力作用下出现滑坡、崩塌等危险。

风水研究也很重视对土壤的观察。如风水师选择住宅时，居住地要土肥壤沃，土质细嫩、坚实、光润、温和，因为这种土壤有利于耕种，获得好的收成。要避免土壤贫瘠、土色焦枯之地、烂泥地及有虫蚁滋生的土壤即风水师们认为的"凶土"，因为这样的地方不利于人们的生产与生活。风水师在选择墓地时，认为红土、黄土、白土最优，黑土为劣，应避之。这是因为，红土、黄土、白土中的有机质较少，对于保存棺木与尸骨有利；而黑土中的有机质较多，对于保存棺木与尸骨不利。由于历代风水师对于土壤的重视，积累了一些有用的土壤科学知识，这些土壤知识成为现代土壤学研究的一个组成部分。

至于风水术中阳宅与阴宅要选择黄道吉日营造是否具有科学道理，尚存在争议。风水学认为所谓的黄道吉日与黑道凶日，是先民们长期从自身和周边人们生活中福祉与灾难经历实践中总结出的一种趋利避祸的手段和心理认知。如我国每年印发的农历日历本上都具体标有黄道吉日与黑道凶日。有人研究认为，吉日、凶日与日月星辰的运行位置有关，人类社会出现的不少事故发生的日期与黑道凶日存在一定相对应的关系。这是否具有科学道理，尚需进一步深入研究。风水本来是地理与心理共同作用的产物，风水术中阳宅与阴宅选择黄道吉日营造这主要属于心理作用的内容。

在国内外特别是国内，近几年来风水已重新成为一门显学，在城市建筑中甚至出现风水暗战（如建筑造型如何化解"煞气"等）。除了部分商人外，某些政府官员也推波助澜。在有的公共建筑工程兴建中，不断出现的"风水楼"很多来自商人甚至主政官员的"构思"和牵强附会（如有的将酒店、车站等建筑物的屋顶做成棺材模样，寓意"升官发财"，被人们讽刺为城市建设中的"丑陋建筑"）。人们迷信风水，有为求升迁求财运、为消弭灾祸、为寻找精神寄托等多种心理。

总之，风水是中国或东方古老的自然地理与人文地理知识，它包括有调谐人与自然环境关系的科学知识，并有着人们对不确定环境的神秘化理解，也是人们祈福消灾的一种心理慰藉方式。风水中存在一些合理因素，也有一些不科学的成分甚至迷信的东西。我们应当穿过迷雾，透视其中的奥秘，吸取有用的精华，为当今的经济、文化建设和人民生活服务。风水学应揭开其神秘面纱，与时俱进，不断增强其科学性与应用性。

七、一方水土一方风情——民俗与地理环境

　　民俗是人们在日常的物质生活和精神生活中，通过语言和行为传承的各种民俗事象。在民俗的形成、发展、演变过程中，不仅政治、社会、经济、宗教等因素发挥着重要的作用。自然地理环境中的气候、地貌、水文、土壤等多种因素，对于众多民俗事象也都产生重要的影响。这种影响既表现在民俗形成的初始阶段，也贯穿在民俗发展、演变的全过程。总的来看，地球表面环境的区域差异是导致民俗区域性特征的重要原因。

　　民俗具有社会性、传承性、民族性、地域性和变异性等特征。我国面积辽阔，历史悠久，民族众多，自然环境与社会环境复杂，民俗地理的研究内容十分丰富多彩。

　　要深刻剖析民俗地域性的形成原因，就要跨入民俗地理领域。我国民俗中有不少"怪"，如东北十大怪、关中十大怪、云南十八怪等，都是地域性较强的民俗。剖析这些"怪"与环境的联系，找出内在的因果规律，就见"怪"不怪了。民俗大体可分五类，其中生活习俗和生产习俗受环境影响较深。文化习俗与意识形态有关，其中也是环境的曲折反映。气候是民俗形成的基础，东北十大怪多与寒冷气候有关。地貌对民俗的影响也是显而易见的，在云南十八怪中，地貌的烙印最深。丰富多彩的民俗是我国民俗地理学研究的肥沃土壤。民俗地理学的发展将丰富我国人文地理学和民俗学的内容。

　　民俗地理与民俗学在研究领域上的主要差别，就是民俗地理着力分析与地理环境关系密切的部分，如建筑、饮食、服饰等领域受

环境制约较明显，往往是民俗地理研究的重点。而对于纯粹意识形态方面的民俗，受地理环境的影响则相对较弱。分析我国民俗与地理环境的关系，可以找到一些比较清晰的轨迹。

1. 气候是民俗形成的基础，而在寒冷地区尤甚

气候因素是影响民俗事象形成、发展和演变的最重要的自然地理要素之一。我国从南到北可划分为热带、亚热带、暖温带、中温带、寒温带等热量带，自东到西又可以区分出湿润带、半湿润半干旱带和干旱带，水热条件的各种组合形成了我国极其复杂的自然地理气候区。在不同的气候条件下，由于光照、温度、降水、湿度、风等气候要素千差万别，因而对民俗事象也产生了不同的综合影响。例如因气候条件不同，我国原始人类就有"南方人巢居，北方人穴处"的古代遗俗。即使是在近现代，我国传统民居也仍然具有明显的地域差异。例如在我国西北地区，由于光照强烈、降水稀少、温差大、风沙多，故而形成了屋顶平、墙体厚、冬季保温、夏季防暑的"平顶土房"；而在南方地区由于气温高、降水多、风力弱、湿度大，则形成了屋顶陡斜、四壁透风、房体高架、上下分层的干栏式"竹楼"、"木楼"等民居类型。

另外，由于气候条件不同，在我国长江以南形成了稻（民俗）文化区，而在北方形成了麦（民俗）文化区，而在不宜发展农耕的西北半干旱、干旱地区则形成了游牧（民俗）文化区。

在诸多的气候因素中，温度和降水的影响最为重要，尤其是它们的组合，往往决定了一个地区基本的气候特征，因而对物质民俗的影响尤为明显。

例如在居住民俗中，屋顶的形态就突出地反映了这种影响。在全年温度高而较均衡、降雨量大的热带地区，屋顶形态呈尖锐的"△"形，它既有效地减少了受光面积，又使屋内的热量积聚在室内上部，保持了屋内凉爽，同时还有利于迅速排除屋顶水分；而在温带湿润、半湿润地区，屋顶形态则呈较平缓的"△"形或斜长的一面坡形，既增加了受光面积，使冬季比较暖和，同时在夏季也比较凉爽，雨季到来时还可以及时排除水分；在干旱地区由于不必要担心降水的经常性侵蚀，所以屋顶常常是"一"字形的平顶，而且复土较厚，四壁墙体十分厚实，窗户也比较小，这样屋内就可以达到冬暖夏凉了（见图27）。北方地区的传统民居内都有火炕、火墙等取暖设施，并设双层窗户以利保温，而南方的传统民居多有天井，窗户也多为一层且较大。

图27 不同降雨量地区的屋顶形态

又如生活在北方草原上的蒙古族牧民，他们在夏季搭建蒙古包时往往把围墙束得较紧，使包顶升高，倾斜角度加大，既可降低室内温度，又有利于包顶排水；而在冬季搭建蒙古包时则把围墙放宽，使包顶降低，倾斜角度减小，这样一方面可以积蓄热量，增加室内温度，还有利于防风。

再如生活在南方的人们，由于气候湿热，食物难以保存，因此旧时饮食大都小碟小碗，一次食净。对于一时难以食净的食品常有腌制的习俗，如侗族的"酸食"、京族的"鱼露"、傣族"花腰傣"的"酸肉"与"酸辣菜"、瑶族的"鸟酢"等。而生活在北方的人们，由于气候干寒，食物不易腐败，故炖菜、烩菜食风颇盛。为长期保存还可以制成干菜、干肉、干鱼，夏季也不例外。

在寒冷地区，人类首先要想方设法避寒取暖，在衣、食、住、行方面，都以抵抗严寒为准则。东北是我国典型的寒冬地区。东北民俗中的"十大怪"大多受地理环境特别是气候条件的制约（见表3）。住的方面，"烟囱安在山墙边""窗户纸糊窗外"；穿的方面，"四块瓦片头上盖""反穿皮袄毛朝外"都是为了防寒。烧炕是东北抗寒的主要措施，烟道穿过全屋，到山墙根引出，可以充分利用热能。室内外温差大，室外温度低，纸糊在窗外，处在永冻状态，不会破损。如果糊在窗内，室内暖气把冰霜融化，纸很容易受损（见图28）。东北毡帽四边有长舌，随时可以翻下来防风取暖。

表3　　　　　　　　　东北十大怪与地理环境

民　　俗	地理环境原因
1. 窗户纸糊在外	寒气使窗纸永冻，往外推窗不易破损
2. 烟囱安在山墙边（根）	延长烟道，充分利用炕热
3. 四块瓦片头上盖	翻下可防风取暖
4. 反穿皮袄毛朝外	山羊皮毛粗直，反穿较舒服
5. 十七八岁姑娘叼个大烟袋	冬季长，妇女不下田，吸烟休闲
6. 不吃鲜菜吃酸菜	酸菜较易保存，是冬半年当家菜
7. 草坯房子篱笆寨	就地取材，修篱笆防野兽
8. 下晚睡觉头朝外	能听到门外动静，有安全感
9. 养活孩子吊起来	满族狩猎生活，孩子吊在树上安全，可减轻劳力
10. 宁舍一顿饭，不舍二人转	"二人转"反映东北人"虎、实、乐"的性格特征

　　资料来源：胡兆量等：《中国文化地理概述》，北京大学出版社2001年版。略有改写。

图 28　东北十大怪

用山羊皮做的皮袄反穿时，粗直的羊毛朝外既防寒又比较舒服。酸菜是东北人民冬半年的当家菜，是因气候寒冷人们没有充裕的当家菜，漫长的冬半年日子不好过（见图 28）。"十七八岁姑娘叼个大烟袋"反映东北农闲时间长，为了农闲消遣，女性也养成抽烟的习惯。随着经济生活的多样化和文化生活的不断丰富，姑娘叼烟袋的习俗也渐渐远去了。

至于陕西风俗怪中的"房子半边盖""帕帕头上戴"，云南风俗怪中的"四季服装同穿戴""鲜花四季开不败""脚趾常年露在外""三个蚊子炒盘菜""四个竹鼠一麻袋""山前下雨山后晒"等都与当地的气候环境有密切关系。

2. 地貌对民俗的影响很大，在高原地区尤其如此

到了高原山地，地貌成为民俗地域性的主要原因。地貌对民俗的主要影响表现为直接和间接两类：直接影响通过坡度、海拔、岩性对民俗产生作用，间接影响通过高原山地的气候、水文、植物、动物、土壤、交通等对民俗产生折射作用。

一些地理学家在很早以前就研究过山地村落的垂直分布规律。

在地形倾斜的坡地，人们就地势在向阳坡建起"吊脚楼""千脚楼"，既省工、省料，又防潮湿、防水患。草原牧民在倒场放牧时，冬天一般住在温暖挡风的低洼地，并有积雪可以供给牲畜饮用；而到夏季则搬到海拔较高的丘陵山坡顶部，既通风、凉爽、干燥，又可防止蚊虫叮咬。在四川盆地周围的山地区，气候条件随海拔高度不同发生明显的变化，农业生产也发生相应的变化。在平原地带以种植水稻为主，在丘陵下部则开垦成梯田种植玉米，在丘陵中部种植茶树，而在丘陵顶部则栽种马尾松、杉木等经济树木，做到了因地制宜，合理安排。

在我国西南地区，由于山高谷深、地形崎岖而交通不便，于是形成了开凿栈道、架设溜桥、索桥、藤桥、铁索桥等交通习俗。由于地形条件不同，对外联系交往程度不一样，封闭的山地地区多出现同姓村落，而开阔的平原地区则多为亲族村落和杂居村落。在宽广坦荡的草原地带，出现了浑厚、舒展、婉转起伏的"长调"等民歌形式，而在沟壑纵横、地形破碎的黄土高原，则形成了高亢、明快、抑扬顿挫的"爬山调""信天游"等民歌形式。

以云南高原为例，地貌影响十分明显。云南十八怪（见表4）中"火车没有汽车快"、"袖珍小马有能耐""石头长到云天外"都与地貌有关。火车爬坡性能不如汽车。爬坡时，为了降低坡度，铁路要延伸线路距离。加上新中国成立前云南修建的是窄轨铁路，使用的是小型机车，更显得缓慢。山道崎岖，山区饲养条件较差，滇马小巧，既能适应当地饲养条件，又可攀登崎岖的羊肠小道，深得群众欢迎。"石头长到云天外""山洞能跟仙境赛"是岩溶地貌的奇观。以路南石林为代表，有的如一柱擎天，有的如古塔群立，有的如灵芝菌集，有的如屏风隔扇，有的如高墙垣立。热带岩溶，无山不洞，无洞不奇。洞内钟乳、石笋，琳琅满目，神奇莫测。严格地说，"石头长到云天外""山洞能跟仙境赛"是自然景观，不是典型的民俗。然而，彝族和苗族青年男女在石林间、仙洞前"阿细跳月"，伴着明快的芦笙，联袂把臂，宛转盘旋，翩翩起舞，就是绚丽多姿的民俗画卷。"老奶爬山比猴快"则是长期的山地生活锻炼的结果，人们在这种"地无三尺平、出门就爬坡"的地理环境自然练就了一双"飞毛腿"，城市里年轻力壮的小伙子走山路的功夫也比不过云南当地六七十岁的老太婆。

表 4　　　　　　　　　云南十八怪与地理环境

民　俗	地理环境原因
1. 袖珍小马有能耐	小马适应艰险山路和山区环境
2. 火车没有汽车快	火车爬坡性能不如汽车，线路延展长
3. 石头长到云天外	热带岩溶，鬼斧神工，虎啸龙吟
4. 山洞能跟仙境赛	洞内怪石嵌空，玲珑斑斓
5. 鲜花四季开不败	低纬度高原气候，长年鲜花怒放
6. 常年都出好瓜菜	瓜菜作物四季生长
7. 茅草畅销海内外	山中多珍稀国宝及特产
8. 四季服装同穿戴	不同年龄穿不同季节服装，多姿多态
9. 蚱蜢能做下酒菜	蚂蚱肥美，炸后焦黄酥脆
10. 好烟见抽不见卖	好土栽好烟，畅销省外，省内很难买到
11. 三个蚊子炒盘菜	林深草密，气候温和，蚊子个大
12. 竹筒能做水烟袋	充分利用毛竹资源
13. 摘下帽子当锅盖	草编锅盖状如帽，能给食物添清香
14. 鸡蛋用草串起来	保护易碎商品的巧妙办法
15. 过桥米线人人爱	稻米加工的风味食品
16. 老奶爬山比猴快	山地生活锻炼的结果
17. 种田能手多老太	妇女尤其勤劳，担负农耕重活
18. 娃娃出门男人带	男人多料理家务，照看孩子

资料来源：胡兆量等：《中国文化地理概述》，北京大学出版社 2001年版，第 47 页。略有改写。

云南高原地貌与衍生的四季如春气候相结合，对经济生活和民风民俗有一系列烙印。"鲜花四季开不败""常年都出好瓜菜""茅草畅销海内外"说的是云南丰富的农林资源。"蚂蚱能做下酒菜""好烟见抽不见卖"具有明显的民俗色彩。云南好水好土栽好烟，好烟是云南第一经济支柱，行销全国。过去，当地只有头头面面人物通过专门渠道才能得到上等云烟。山深林密草茂，昆虫个大体肥，蚂蚱油炸后，焦黄酥脆，是下酒佳肴。"竹筒能做水烟袋""摘下草帽当锅盖""鸡蛋用草串起来"都是充分利用云南当地林草资源的举措。竹制水烟筒既可保持旱烟香醇，又能过滤尼古丁，提神健身。用草编成的锅盖，盖得严实，还能给食物增添青草香味。鸡蛋是易碎商品，加之地形崎岖运输携带都不方便，用草串起来是独具一格的包装方式。

地形对云南民俗的影响远远超过"十八怪"的范围。云南民俗中有两绝：一是丽江永宁摩梭人的母系社会"女儿国"；二是怒江傈僳人的原始共产主义性质的"君子国"。这两例人类社会发展中的活化石能够保存至今，主要原因是崎岖的山地阻隔了与外界的联系。摩梭人盛行走婚制，民知其母，不知其父，妇女担任家长，组织全家生产、日常生活和社交活动。傈僳人家族村社组织内，土地伙有，共同耕作，互助盖房，共负债务，杀猪共食，煮酒共饮。在傈僳人生活的地区，如果你带的东西过重，可以把它先挂在树上，或者放在路边，只要在上面压一小块石头做标记，回来再取没问题。从云南马店的一些禁忌中，反映当年马帮生活的艰辛与危险，和沿海渔民与海洋搏斗有关的禁忌有相通的地方。在马店里，摆在桌上的饭甑和菜碗，不能挪动，不可端起菜碗倒汤，否则中途有翻驮的麻烦；不能用双手扶门框，不能踩门槛，卡住"财门"，进不了财，还可能遇上土匪。正是这种闭塞的地理环境、落后的交通状况，才使得古风古俗得以保存长久。

3. 水文影响民俗生活的诸多领域

泉、溪、河、湖、海洋等水文因素在民俗文化中也有重要的意义。在江南水乡和东南亚地区的河湖水边，常可见到半依陆地、半悬水上、形态各异的水上房屋，有的甚至屋屋相连形成水上村落。有的渔民为了生产、生活方便，干脆把房屋建在船上，形成了流动的"船屋"。还有的渔民在水中木柱上搭建"水上禾仓"，既可以看护鱼塘，又可以当作仓库。

水文条件对饮食习俗的形成也有很大的影响。俗话说靠山吃山，靠水吃水。生活在淡水河湖周围的人们以青鱼、草鱼、鲢鱼、鳙鱼等淡水水产品为食，而生活在海边的渔民则以黄鱼、带鱼、乌贼、鱿鱼、海参等海产品为食，并形成了各具特色的烹饪方法。

在服饰习俗上，生活在东北以渔猎为生的赫哲族人喜穿保温防水的鱼皮服装，而生活在南方海边的渔民则穿着宽松肥大，打赤脚，以利在船上捕鱼作业。

水上生产方式和生产工具与陆地生产有明显的不同。船、网、钩、叉、镖等是最常见的捕鱼工具，仅鱼网就有撒网、拉网（拖网）、抄网、挂网等许多类型，复杂多样。水文条件对交通习俗也有重要影响。例如船、排和筏，都是带有地方特色的水上交通工具。像木排、竹排等，羊皮筏、牛皮筏、葫芦筏等，桥则有藤桥、索桥、木桥、石桥、铁桥、风雨桥等。又因为在水面上生产其危险性要比陆地上大得多，所以形成了许多渔民特有的祈祷、祭祀和禁忌习俗。例如"祭海神""洗船眼""祭海关菩萨"等祭祀活动和忌讳说"翻"字的习俗（如渔民吃鱼忌讳将碗中的鱼身翻过来吃）等。

4. 饮食民俗深受环境的间接影响

自然环境对饮食的间接影响主要反映在两个方面：一是环境制约作物类别，作物类别影响食物特色。我国北方产麦，风味食品以面制品为主。馒头、包子、花卷、饺子、烙饼和锅贴等，都离不开面粉。太原食品有十大面：大拉面、揪面、擀面、削面、擦面、刀拨面、刀削面、剔尖、饸饹面（河漏面）、猫耳朵。南方盛产稻米，风味食品大多用米制成。米粉、糕团、粽子、汤圆、油堆、糍粑、沙糕等，都是米制品，粥和饭的品种繁多。二是食品调理是人们适应环境的重要手段。潮湿地区人们喜欢用辛辣祛湿，在地理分布上形成明显的"辛辣食品带"便是一例。

在饮食习俗方面，"手抓肉""烤全羊""蒙古八珍"、奶制食品；东北的熊掌、猴头蘑、犴鼻、飞龙（即榛鸡）均可做成具有浓郁地方特色的佳肴；而广东的"龙虎斗"（用毒蛇、老猫、小母鸡烩制而成），侗族的"虫蛹菜"，侗族和苗族等民族的酸食习俗，傣族的"竹蛹""沙蛹""蚂蚁蛋"，独龙族的"董棕粉"，布朗族的食鼠习俗等则具有我国南方不同的地方饮食特色。民间饮茶除了饮用茶树叶以外，各地区还有饮用代用茶的习俗。例如西藏地区常饮用"兰布茶"（用一种蓼科植物叶子制作而成），西北地区常饮用"罗布麻茶"（用一种柳叶菜科植物叶子制作而成）、"枸杞茶"，南方地区还用冬青、枸骨、女贞、绞股蓝、花红树叶（或称野海棠叶、三皮罐大叶子茶）等众多的植物作为代用茶饮用。

饮凉茶是广州人常年的一个生活习惯。所谓凉茶，是指将药性寒凉和能消解内热的中草药煎水作饮料喝，以消除夏季人体内的暑气，或冬日干燥引起的喉咙疼痛等疾患。广州的凉茶历史悠久，凉茶品种甚多，最著名的王老吉凉茶，历来为广州人所推崇。

"关中十大怪"多半是饮食风俗。"面条似腰带，锅盔似锅盖，碗盆难分开，辣子也是一道菜"，既有面食的基础又反映西北人民豪放的性格，简朴的生活，折射出西北大地雄浑粗犷的自然背景。"云南十八怪"中"过桥米线人人爱""米饭饼子烧饵块"是稻作环境下的风味美食。

饮食风俗融有历史文化的底蕴。西安饮食三绝饺子宴、仿唐菜和泡馍都与历史文化有关。饺子是北方大众食品，到了九朝古都西安，制作特别精美。仿唐菜是唐都遗风。泡馍用牛、羊肉浓汤，深受草原游牧民族饮食影响。西安盛行羊肉泡馍反映自秦汉以来，少数民族（游牧民族）与汉族（农耕民族）的文化交融。

5. 民间文艺中映射有地理环境的影子

民间文艺是民风民俗中受意识形态影响最强烈的一部分，是民众智慧长期演变的结晶。在民间文艺中，可以体察环境的曲折烙印，以民间音乐戏曲为例，最基本的地域特征是南柔北刚。

北方代表性舞蹈是黄土地上的威风锣鼓，"黄河百战穿金甲，不破楼兰终不还"，刚毅雄壮，气吞山河。"一声秦腔吼，吓死山坡老黄牛，八尺汉子眼泪流，出嫁的姑娘也回头。"这是陕西人民对家乡戏曲艺术的赞词。"关中十大怪"中的"唱戏大声吼起来"，说的是秦腔声如黄河奔腾，如华山宏伟，如黄土地深厚。高亢的秦腔融有山地民歌的吆喝和西北民风的淳朴。生活在山区的人民，很早就发现山体是天然的回音壁，深谷是自然的共鸣箱。由于山大人稀，人们经常扯起嗓子招呼同伴，一声高亢、拖长的吆喝，能在寂静的山谷中长时回荡。这种由吆喝演变而来的"喊句"，在山区民歌中经常可见，尤其是歌曲的开头与结尾。

"宁舍一顿饭，不舍二人转"。东北流行剧种"二人转"反映人民"虎、实、乐"的性格。东北居民大多是100多年来从关内闯关东迁入的。经历艰难的迁移生活后在戏曲上追求简练明快、风趣娱乐，说、唱、舞巧妙结合的艺术形式。"二人转"汇有相声、小品、戏曲的优点，在特殊历史背景的东北人群中有着强大的生命力。

南方音乐戏曲，优雅缠绵，丝丝入扣。一曲江南民歌《茉莉花》，登上香港回归交接仪式盛典，道尽大陆人民与香港人民百年离合情怀。有些南方戏曲过于柔和，男角也宜女子扮演。越剧舞台上的梁山伯大多由女演员扮装。欣赏南国音乐戏曲，犹如进入"泉眼无声惜细流，树荫照水爱晴柔"的画卷，显现"春雨断桥人不渡，小舟撑出绿荫来"的意境。

总而言之，正是由于地理环境的复杂多样，才使得我们的民俗文化丰富多彩。我们应该感谢大千世界给予我们人类表演的自然舞台，人世间千万出丰富多彩的民俗活剧，也将会永远在地理环境的舞台上汇演。

社会经济篇

地理环境是人类社会发展、政治军事活动的舞台，是经济发展的物质基础。人类社会、政治、军事、经济活动是人类与地理环境不断发生交互作用的产物，研究人类社会发展和政治、军事、经济活动必须从与之紧密联系的地理环境入手，探明人类社会发展和政治、军事、经济活动的自然前提与地理背景。地理环境与人类社会发展以及政治、军事、经济活动联系密切，社会、政治、军事、经济活动应遵循自然规律，合理利用地理环境与自然资源。本篇从社会发展、政治、军事、经济发展、农业、工业、交通运输业、商业、旅游业几个方面，探讨了人类社会、政治、军事、经济活动与地理环境的关系，试图为社会经济活动揭示一些地理规律。

一、遍布的伟力
——人类社会发展与地理环境

  人类文明演进或社会发展与地理环境的关系，是一个古老而又常青的论题。只要人类社会的运行没有终止，人类就不可避免地同赖以生存的"家园"——地理环境发生复杂的交互作用。地理环境与人类社会文明发展的关系的论题，可以说是一个"无可回避的主题"。唯其如此，中外先哲们曾对这一切关宏旨的问题作过深沉的思考。如中国先秦诸子百家关于人与自然关系的种种见解，便显示出高度的智慧，至今仍能给我们以启迪。近代以来，在人类向自然界的深度与广度进军的过程中，自然界的铁腕也日益强劲地回敬人类。地理环境与人类社会文明发展的关系越来越引起人们的关注。

  历史上不少学者探讨过社会发展与地理环境的关系，代表性的著名学者有柏拉图、亚里士多德、黑格尔、孟德斯鸠、巴克尔、拉采尔、普列汉诺夫、司马迁、梁启超等。然而由于政治和历史等原因，近几十年来，我国学术界正面论述地理环境与社会历史或文明发展关系这一主题的著述寥若晨星，人们不愿意涉及这一"敏感而易引起误会"的论题，究其原因，显然是有一顶"地理环境决定论"的帽子在近旁，使欲论者望而却步或心有余悸。

  新中国成立以来，我们在祖国建设取得重大成就的同时，也有不少失误，究其原因，其中之一便是忽视国情实际，而地理环境正是国情实际中的重要方面。从现代化的事业计，从正确处理社会经济发展与生态平衡的关系计，从地理、人文等科学研究的发展计，深入研究地理环境对人类社会文明发展的作用这一课题，理应提到科学研究的议事日程上来，再也容不得我们回避。

1. 地理环境是人类文明演进或社会发展的背景与舞台

地理环境是人类社会的永恒载体，是社会历史发展的背景与舞台。人类历史的进程不能脱离人类在时间—空间上所处的特定的地理条件，人类的一切活动都必须在地理环境之中进行，并与之发生水乳交融的关系。正是由于复杂多样的地理环境的影响与制约，人类才在地理环境这一舞台上演出一幕幕改造自然、改造社会的异彩纷呈、有声有色的"活剧"。地理环境是影响人类社会历史发展或文明演进的重要因素之一，这已被越来越多的哲学家、史学家和地理学家所认识。

以古人类的诞生而论，没有热带、亚热带丛林，没有第四纪冰期的降临，没有自然环境适度的变化，生物进化史上就不会产生"人猿相揖别"这一质的飞跃。以古文明的产生而论，通过对东方文明史的追溯与对比，可以惊人地发现，四大文明古国的产生与兴盛均具有两个基本的地理条件：一是位于亚热带和暖温带地区，因这种气候对社会文明的滋生有着刺激作用；二是地处大河的中下游地区，因这里的土壤疏松肥沃，灌溉便利，在"金石并用"的时代有利于农耕。同时，这种具有一定生存威胁但又可以用人们当时的能力予以改造的自然环境，有利于人们在大规模改造自然的过程中结成浩荡的劳动大军，形成集体力量发展生产力并促进国家的产生。中国近五千年的气候变迁对社会的变迁与文明的演进是十分明显的，如历史上的四个寒冷期的到来正好与中国历史上的几次北方民族的南下和西迁相吻合。中国经济文化重心出现南移，黄河流域被长江流域逐渐取代，地理环境变迁是重要原因之一。再就现代社会经济的发展而论，澳大利亚之所以被称为"骑在羊背上和坐在

矿车里的国家"，日本之所以成为外向型经济强国，瑞士之所以成
为"钟表王国"等，都离不开特定的自然环境和地理背景的制约
与影响。

可见，地理环境是人类文明演进或社会发展的永恒空间和重要
的物质能量基础之一，无论社会发展到任何阶段，人类社会都须臾
不能脱离地理环境这一背景与舞台的影响与制约。

2. 地理环境是维系社会运行、文明演进的永恒物质条件与能量前提

根据耗散结构理论的启示，我们认为，人类社会是一个复杂而
开放的巨系统，它在发展中为了不断求得自己的相对稳定，总是在
相对平衡与不平衡的反复调整中尽量使无序的状态变为有序的状
态，或在非平衡态下形成新的有序结构。而一个社会要想不断形成
新的有序结构，稳定地向前发展，就必须不断地与环境发生物质、
能量、信息的交换，即从环境中输入"负熵流"。如果这种交换与
输入受到阻滞，社会的不稳定性（或震荡）就会增强（即"熵值"
增大），社会运行将受到影响。如果社会与外界环境间的物质、能
量、信息的交换与输入中断，整个社会将会瘫痪乃至瓦解。这种交
换与输入既包括人类之间相互进行物质产品与精神产品的交换，也
包括从自然界或地理环境中获取生产与生活资料。离开了地理环
境，人类社会就不可能从自然界获取各种自然资源及能源，就不可
能通过社会生产从自然界取得生产资料和消费用品；离开了地理环
境，人类之间就不可能进行物质产品与精神产品的交换，就不可能
从系统外获得科技、文化等信息。而这些依赖于地理环境存在的物
质、能量与信息正是人类社会存在与文明发展的根本保证条件之
一。

总之，地理环境是维系人类社会运行与文明演进的永恒的物质

条件与能量前提。离开了地理环境，人类社会就不可能存在和发展。离开了对地理环境的考量和利用，任何有关社会发展和文明进步的种种构想便会沦为痴人说梦或空中楼阁。

3. 地理环境作为生产力的重要成分作用于社会文明发展

生产力是推动社会文明发展的最终决定性力量，从"系统"的角度对生产力的内部机制进行分析，人的因素和物的因素是生产力构成的两个基本方面，正是这两个方面的相互作用形成了生产力发展的内在动力。而生产力中物的因素，则主要是由地理环境中的土地、矿藏、森林、草原、江河湖海等自然要素构成，它们作为劳动的自然对象和劳动资料同劳动者一起构成生产力的基本要素，直接参与现实社会文明发展的作用过程。

根据系统论的观点，我们认为，劳动的自然对象和劳动资料、劳动的主体（生产者）都是作为生产力这个母系统中的子系统而存在，或者说作为生产力这个有机整体的组成部分而存在。离开了构成劳动对象的劳动资料的地理环境，作为劳动主体的人就不可能对社会生产发生作用，生产力的功能自然也就不能发挥。因此，离开了地理环境就谈不上有什么社会生产力，更谈不上有什么社会发展或文明进步。我们据此可以进一步认为，在生产力这个母系统中任何一个子系统的性状都直接参与决定生产力的性状，而作为劳动对象和劳动资料的地理环境也必然参与决定生产力的性状及发展。由此看来，俄国哲学家普列汉诺夫关于"社会生产力的发展在很大程度上决定于地理环境的特点"的论述与观点是比较科学和比较深刻的，并不是像一些人所指责的是"环境决定论"的观点。总之，地理环境应是我们在研究生产力和人类社会发展时丝毫不应忽视的因素。然而令人遗憾的是，至今仍然很少人愿意从上述角度去分析和思考问题，"地理虚无主义"的观点在政界的经济战略决策和社会发展的研究中还较普遍。

由上述可见，地理环境不仅是人类社会发展或文明演进的外部条件（背景与舞台，物质与能量前提），而且是人类社会发展或文明演进的内在因素（生产力的重要成分）。我们认为，只有从这种角度与高度上认识，才可能真正看到地理环境在人类社会发展或文明演进中的重要影响与作用机制，而不是像传统观点那样将其仅仅视为人类社会发展或文明演进的次要条件和被动、静止的外因，只起"加速或延缓"的简单作用。

4. 地理环境对社会文明发展的作用具有动态性与复杂性

（1）地理环境对社会文明发展的作用是一个动态的过程。从哲学的观点看，量和质随着时空的变化而变化。随着生产力的发展和人类社会历史的进步，与之相关的一切事物都会不断发生变化，地理环境也不例外。地理环境这一客观事物不仅自身随着时间的发展而变化，而且它对人类社会发展或文明演进的作用或价值也是随着时间的推移而变化。因此，有学者将地理环境称为"历史的自然"。随着人类社会的进步和发展，地理环境在不同的历史时期具有不同的内涵，它对人类社会发展或文明演进的影响作用具有"因时而异"的特点。

长期以来，人们在讨论人类社会发展时把地理环境及其作用看成静止不变或变化极小的，并且加以绝对化。其实，地理环境是变化的，特别是人类活动作为一种重要因素会引起地理环境的迅速而强烈的变化，而变化了的地理环境又会对人类社会中许多因素产生重要影响，进而影响到社会发展的进程。同时，地理环境的具体作用也是变化的。普列汉诺夫曾指出："地理环境对社会人的影响，是一种可变的量。被地理环境的特性所决定的生产力的发展，增加了人类控制自然的权力，因而使人类对于周围的地理环境发生了一种新的关系"①。他研究认为，地理环境对社会发展的作用的性质、方向、范围、速度、复杂程度等是一种可变的东西，它随着生产力的变化而变化。

历史证明，地理环境在不同的社会文明发展阶段具有不同的作用。如海洋在古代不仅其丰富的资源得不到利用，而且成为人类活动的天堑和障碍，有"水之沙漠"之称，严重阻碍着某些国家或地区的社会经济发展。而在近代社会，海洋却成为人类索取生产与生活资料的重要空间，成为许多国家和地区经济、政治、文化交往的重要通途，甚至可以说已成为促进社会经济发展的强大物质、能量基础。如今大凡临海地区或地处海洋交通要道的岛国地区，社会经济发展都较快。如英国由中世纪荒凉的世界边陲变成近代繁荣的世界贸易、经济中心，日本由历史上落后的封建穷国变为现代世界经济强国，亚洲"四小龙"出现举世瞩目的经济腾飞，都是临海地理环境对社会经济发展动态作用的典型例证。过去的农耕文明时代，是具有优越农耕地理环境的东方民族独占鳌头，高度适应农耕文化地理环境的中国、印度、埃及、巴比伦都曾在历史舞台上演出了一幕幕杰出的史剧，成为时代的骄子。而当工业革命的历史帷幕拉开之后，这些农业文明时代的"风流健儿"大多悄悄隐退了，代之而起的是具有临海地理环境的西欧、日本等粉墨登场，成为世界经济舞台上的主角。又如我国沿海地区的社会经济发展后来居上，而黄河中上游地区这一人类文明的发祥地的社会经济发展相对落伍，这些都是不同地理环境动态作用于社会历史发展的佐证。

由上述可见，地理环境对一个国家或地区的作用，是随着社会

---

① 《普列汉诺夫哲学著作选集》（第3卷），三联书店1962年版，第170~171页。

历史时代的发展特别是随着社会生产力的发展而变化的，具有明显的动态性或时序性。因此，一些人文地理学家将社会历史发展作为人类活动的一种时空表现或人地关系的时空变化来研究。

（2）地理环境对人类社会文明发展的作用是一个非常复杂的过程。由于地理环境既是社会文明发展的外部条件，在一定条件下又是社会文明发展的内部因素，而且其作用随着生产力的发展而变化，因而它对社会发展与文明演进的作用是十分复杂的，不能简单地一概而论。可是长期以来，由于"左"的思想作祟，一些人将此问题简单化、绝对化，有的甚至在此问题上故意大做文章，动辄以"地理环境决定论"的大帽子压人，使人不敢正视和大胆研究地理环境对社会发展或文明演进的重要而复杂的作用。

众所周知，决定人类社会发展的根本动力是生产力与生产关系的矛盾运动或社会生产方式。一般来说，地理环境不能决定人类社会的发展，它对社会发展只起加速或延缓作用。但这是不是说地理环境在任何条件下都不能起决定作用呢？我们认为，对这一复杂问题应具体情况具体分析。

在自然界和人类社会中，许多因素是相互制约、互为因果的，自然界中某一现象的产生，社会中某一事物的完成或某一问题的解决，如果其他因素皆存在，而某一因素的存在与否或性状如何，往往可以对该事物的发展或该问题的解决起着关键性或决定性的作用，这就是人们常说的"万事俱备，只欠东风"，这个"东风"就是决定条件。因此，地理环境在一定条件下对社会发展是可以起决定作用或关键作用的。

"例如在干旱地区，水源往往是社会经济发展的决定性条件"①。又如，四大文明古国都产生于亚热带和暖温带的大河流域，而不产生于寒带或沙漠地区，地理环境无疑是一个决定性的条件。地理环境对人类社会发展的重大作用不能低估，其在特定条件下对社会历史发展的某些决定作用亦不可忽视。

地理环境对人类社会文明发展作用的复杂性，还体现在纵向与横向、宏观与微观作用方面的区别上。所谓纵向，即指某一区域的社会发展，或者说同一地域的社会历史在时间轴上的纵向发展，就此而言，地理环境的作用多是量上的，一般不起质的决定作用；所谓横向，即指同一时期内，不同地域的历史沿着不同的发展道路运行，或者说对各地域进行横向比较时，发现它们在时间轴上发展的空间差异，就此而言，地理环境有时在某地域社会经济发展中可以起关键性或决定性的作用。例如在近代，西欧国家走的是一条"商业—工业文明"的道路，而东方大多国家却走的是一条"农业文明"的道路，这显然是由于不同地理环境（海洋性环境与大陆性环境）关键性的制约（见图29），可谓"两样水土，两条道路"。从宏观上看，地理环境对社会发展一般不起决定作用，但从微观上看，地理环境对特定地区或在某时期对某社会事象可起到决定性的作用。如在澳大利亚、菲律宾、印度尼西亚、泰国、秘鲁、巴西、中缅边境等地交通闭塞的孤岛和热带丛林、崇山峻岭中，至今仍存在过着蒙昧野蛮生活的原始部落，特殊的地理环境决定了这些地方的社会发展十分缓慢。又如，20世纪末我国石油勘探队在塔克拉玛干沙漠腹地发现至今仍过着原始社会生活的部落，在我国某些偏僻山区有的少数民族的社会经济生活还相当原始、落后。

---

① 胡兆量：《地理学的宏观研究方法及其应用》，载《人·自然·社会》，北京大学出版社1988年版，第162页。

"其实，在有些方面，地理环境的决定作用是一种铁的法则，一条铁律。一个国家和地区的产业结构基本上是由地理环境决定的。如澳大利亚被誉为'骑在羊背上'和'坐在矿车里'的国家，畜牧业和采矿业成为国民经济的两大支柱，草原的地理环境和丰富的矿产资源就是一个决定性因素"①。上述这些，都可以说是地理环境在微观上或特定地区起关键性作用的例证。

图 29　东西不同文明发展道路

此外，从地理环境是"物质"、是"存在"这种哲学意义上看，它为人类的产生、生存、发展提供了物质基础，它决定了地理环境中的人类社会不可避免地有一个产生、发展以至消亡的过程，它决定了人类一切活动都必须顺应自然环境的内在规律。因此，从这种角度讲，地理环境具有决定作用也不是没有道理②。而那种一涉及地理环境影响历史文化的进程和风格，一提到"决定"二字，就被斥为"地理环境决定论"的做法，是全然不可取的，乃是斯大林在 19 世纪三四十年代的前苏联造成的一种不良学风。今天，

---

①　中国历史唯物主义学会国情调查工作委员会编：《南北春秋》，人民中国出版社 1993 年版，第 22 页。

②　葛剑雄：《全面正确地认识地理环境对历史和文化影响》，载《复旦学报》（社科版）1992 年第 6 期。

在这个问题上很有必要复归马克思、恩格斯、普列汉诺夫的科学观点，既高度重视地理环境对社会历史的深远影响，又扬弃地理环境决定论，坚持社会历史发展或文化生成的主体客体辩证统一的观点①。

总之，地理环境的作用力是一种无所不在的伟力，它对人类社会文明的发展产生着非常重要而极为复杂的作用，其中有许多问题有待人们去研究，有许多奥秘尚待人们去揭示。我们相信，随着时代的发展，地理环境与人类社会文明发展的关系的问题，将愈来愈引起人们的重视，成为常论常新的论题。

---

① 冯天瑜等著：《中华文化史》，上海人民出版社 1990 年版，第 28 页。

二、无形的操控——政治与地理环境

政治与地理环境的关系非常密切，地理环境影响着政治区域的结构、功能和政治区域之间的相互作用，并制约着政治地域系统的运行以及政府高层决策者的政治举措。古往今来，许多政治家都非常重视地理环境的作用，具有良好的地理知识素养并对政治地理有所研究。例如，美国总统富兰克林·罗斯福这位世人皆知的政治巨人，还是一位业余地理学者，曾是美国地理学会的成员，在政治地理和军事地理上也造诣颇深，他之所以能在国际国内政治舞台上叱咤风云，力挽狂澜，与他渊博的地理知识分是不开的。中国共产党的领袖毛泽东，也非常重视地理知识，他对政治地理也有所研究，"三个世界的划分"，可以说是他的政治地理理论之一。

政治与地理环境的关系，较早以前就引起过一些学者的注目与研究。例如，在100多年前，地理政治学说的奠基者、英国牛津大学地理教授麦金德就曾指出："政治的进程是驱动和导航两种力量的产物。这种驱动的力量源于过去，它植根于一个民族的特质和传统的历史之中。而今天则是通过经济的欲求和地理的机遇来引导政治的动向。政治家与外交家的成败很大程度上在于他们是否认识到了这些不可抗拒的力量。"他曾撰写了影响世界历史的名著《历史的地理枢纽》，提出了系统的并震撼人心的地理政治思想。近年来，注重于国际、国内的政治活动、政治现象与地理环境的关系研究的政治地理学在西方蓬勃兴起，而在中国，由于种种原因，对地理政治学研究起步较迟，研究者也不多。

地理环境对政治的影响广泛而复杂，限于篇幅，这里仅举几例说明：

国家领土的形状或空间形式，影响到国家政治管理的难易。一般来说，国家的领土形状比较规则，近乎圆形、方形的国家（如紧实型国家），这类国家的几何中心到边界各点的距离差别较小，边界与面积的比值较小，其领土与边界比较容易管理，如法国、波兰、乌拉圭等国。而国土分散的岛国、国土狭长的国家（如狭长型、延伸型、分离型国家等），地域间交通联系不便，对国内交往与国家管理带来诸多不便，如印度尼西亚、菲律宾、日本、智利、越南等国（见图30）。

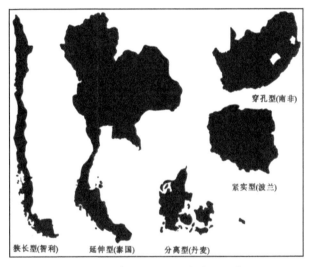

图 30　国家领土的形状或空间形式

资料来源：赵荣、王恩涌等编著：《人文地理学》（第二版），高等教育出版社，2006 年版，第 327 页。

国家周围的地理条件影响到国家这一政治实体的安全。例如，某些国家四周有山脉、沙漠、海洋包围，或有茂密的森林，大片的沼泽阻隔，这些都是国家安全的天然屏障，使该国有良好的防守条件，阻隔或障碍外敌的入侵。如埃及、法国等国在历史上，封闭的地理环境都曾在保护国家安全上起到一定作用。而周围地理条件不利则容易遭到外敌的蹂躏。例如波兰，该国的东西是开阔的平原，一向是东欧与西欧之间的通道，难以防守。这种不利的地理条件在一定程度上促成了波兰历史上的多次灾难，使之多次遇到列强的进攻与瓜分。而比利牛斯山脉为保持西班牙的国际地位起着长久的重要作用。有人曾经说过欧洲的终端是在比利牛斯山脉，它作为一种天然屏障使西班牙避开了欧洲大陆的大部分政治与军事冲突。

地理环境与世界政治和战略也有一定联系。近百年来，引起了许多地理学家的注意，他们创立了一些影响广泛而深远的学说，如马汉的"海权理论"，麦金德的"陆心学说"，斯皮克曼的"陆缘学说"，柯恩的"多极世界模型"等，这些用地理因素解释地域政治现象与政治行为，用空间观念指导制定全球战略决策的理论，日益成为指导国家政策的有用学问。上述这些学说的基本理论观点，限于篇幅不能逐一加以介绍，这里仅对影响较大的麦金德的"大陆心脏说"作如下评述：

1904年1月，应英国伦敦皇家地理学会的邀请，麦金德在会上宣读了《历史的地理枢纽》一文，这是现代地缘战略理论诞生的宣言书。它赢得了与进化论、市场经济论、资本论等著名理论一样的声誉，这一理论在一定程度上影响或改变了20世纪的世界历史。

麦金德理论的核心是从地理环境出发来制定关系国家生死存亡的世界战略，因为"由于对地理战略的无知，给国家利益造成的代价是难以估算的"。

麦金德认为，全球可以划分为若干个大岛。联于一体的欧、亚、非三大洲是其中最大的陆岛，其次是南北美洲大陆，再其次是澳洲大陆。所以他称欧、亚、非大陆为"世界岛"。他认为,在这块世界岛上居于顶端部分的欧亚大陆的部分地区是决定世界历史发展的地理中枢,因此它称之为全球的"心脏地带"。心脏地带之外是"内新月形地带",包括德国、奥地利、土耳其、印度和中国等。在"外新月形地带"里是英国、南非、澳大利亚、美国、加拿大和日本等(见图31)。

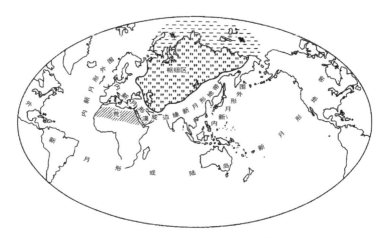

图 31　"历史的地理枢纽"示意图

资料来源:〔英〕哈·麦金德:《历史的地理枢纽》,林尔蔚、陈江译,商务印书馆,1985年版。

心脏地带大略包括自原苏联西伯利亚的叶尼塞河起,向南延伸至蒙古高原、克什米尔高原、青藏高原、伊朗高原,向西延伸至中东高原以及迄于黑海、波罗的海之间欧洲山地所回环围绕下的东欧平原和西西伯利亚平原。这两个地区之所以被称为"世界心脏地带",主要由于这块横跨欧亚大陆的大平原位于地球上诸大陆的中心地带,具有易守难攻的地理优势:北部是北冰洋,东部及南部所临地域均为高原及沙漠地带，西部则是欧洲山地，四面形成天然屏障。加上这一地域辽阔而富饶，具有极其丰富的矿产资源以及适于农业的肥沃土地等优越的地理条件。

由心脏地带出发，东进可以到达中国、日本，南下可到伊朗、印度和中南半岛（东南亚），越过阿拉伯半岛可以进入非洲，西向可以控制欧洲的山地，从北或西面越大西洋即可进入美洲。因此，从世界整体的战略眼光看，这块地域的战略地位，恰恰相当于在中国为历代兵家所必争的"中原"——中央平原地区，实际上，麦金德所谓"地理中枢"也正是把这块地域看作世界的"中原"。由这种地理战略眼光出发，他提出了三句震撼全球且影响深远的名言："谁统治了东欧平原，谁就控制了全球的'心脏地带'。谁统治了'心脏地带'，谁就控制了'世界岛'。谁控制了'世界岛'，谁就能支配全世界。"

据此理论，麦金德主张西欧和北美等海权国家应该联合起来，才能控制德、俄所占领的欧亚大陆腹地，中欧是通向"心脏地带"的重要通道，第一次世界大战后的中欧必须分成若干独立的主权国家，以维持这一敏感地区的平衡，保证它不落于任何一国之手。

麦金德的理论具有惊人的预见性。我们可以注意到，在几乎整个 20 世纪中，这块世界的心脏地域，的确一直是兵家必争之地，几乎成为全球政治和军事斗争的聚焦点。第二次世界大战中，德国席卷西欧，占领法国后，出人意料地放弃英国不攻，而回兵东向进攻原苏联，其主导战略意图显然就是为了控制这块世界心脏地带。日本第二次世界大战中长期将精锐部队集中部署于中国东北、内蒙古（关东军），面向蒙古和西伯利亚，其战略意图绝非仅仅为了防御，而是伺机联手德国，进取这块心脏地带，此举引起了美、英等西方国家的极大惊恐。数十年来，美国一直对这个地区虎视眈眈，包括前些年为裁军与欧洲"中导"问题的讨价还价，以及美国鼓励东欧阵营解体、改革，支持波兰"团结工会"，声援原苏联、东欧的人权运动。东欧社会主义制度消失后，美国等西方国家更加紧了演变苏联的步伐，当苏联部分解体后，布什迫不及待地宣布承认战略地位重要的波罗的海沿岸的立陶宛、拉脱维亚、爱沙尼亚三个加盟共和国的独立，以此来表示友好，并支持它们申请加入联合国，以取得在全世界的合法地位，这些政治行为与争夺这一世界中枢——心脏地带的控制权密切相关。始于 1997 年 7 月的亚洲金融风暴席卷全球，受其冲击最大的地区是由日本至印度尼西亚的新月形地带，其地理范围相当于麦金德陆心学说中的"内新月形外围"，这一地带产生强烈的"多米诺骨牌效应"，原因亦与此地缘政治、经济因素有关。美国在苏联解体后，使其原来对苏联的压力逐步转移到始终坚持走社会主义道路的中国身上。至于当今世界冲突中的伊拉克、科索沃、阿富汗、利比亚、叙利亚、朝鲜等问题，以及美、欧、日联手防范中、俄等，都可以看到上述地缘学说的理论光照与历史印痕。

在麦金德关于世界中枢理论的基础上，20 世纪 30 年代，美国学者斯派克曼（N. J. Spykman）根据美国的战略需要和心脏地带已被原苏联控制的现实，对这一理论作了修正，提出了"边缘地带论"的学说，认为如果能控制环绕心脏地带的欧亚沿海地区，那将足以遏止心脏地带的国家称霸世界的企图，并且进而与之争霸。据此理论，美国在第二次世界大战后，主要寻求在"边缘地带"建立军事基地和势力范围，以围堵"心脏地带"共产主义势力的扩张，并对前苏联和中国进行遏制。

我们可以注意到，自第二次世界大战结束迄今，全球战略形势的实质就是：一方面，原苏联占据心脏地带寻求向外扩张；另一方面，美国则沿边缘地带设置重重包围圈和牵制力量，阻截和抵制原苏联意识形态和社会制度的扩张。而斗争的中心，则集中在环绕心脏地带的边缘地区，即西欧、巴尔干半岛、中东、伊朗、阿富汗、印度和巴基斯坦以及包括中国、朝鲜、日本、越南在内的环太平洋沿岸。由于边缘地带中的中东地区恰恰又是世界石油主要产地，因此，在这里进行的斗争或较量就格外激烈。

地理环境深刻影响到社会的政治结构。普列汉诺夫曾经指出："自然环境对社会结构的影响是无可争辩的。自然环境的性质决定社会环境的性质。"李桂海先生研究认为："中国封建结构的特点，在政治上是封建专制主义中央集权的不断强化，在经济上是农业与家庭畜牧业和手工业相结合的小农经济的顽强再生能力，这些特点的形成，与中国特殊的地理环境有一定的关系。"这里仅就地理环境对我国封建社会的政治结构的影响作如下分析：

中国的政治结构，开始形成的时候是分权型。西周实行分封制，就是分权型的典型。由于中国地域辽阔，各地区之间常被高山大河阻隔，地域之间地理环境差异显著。分权型的政治结构在这种地域环境的制约下，必然会发展成不同的政治实体，各自向不同的方向发展，造成彼此间更大的差异和矛盾。春秋战国时期的混乱局面，正是这种分权型的政治结构发展的必然结果。建立了中央集权制政治结构之后产生的一些动乱，如西汉初的"吴楚七国之乱"、西晋的"八王之乱"、明初的"靖难之役"等，也与分权制的部分复活有一定关系。在中国这样复杂的地理环境下，要想维持国家的统一，在政治结构上只有实行中央集权型。

中央集权型的政治结构，可以部分地克服地理环境促成的分裂主义倾向，加强国家统一。从秦始皇建立专制主义中央集权的政治结构开始，历代封建王朝都特别注意修筑沟通全国的道路，开挖运河，发展交通以及建立严格的驿站制度，及时沟通和传递信息。中央集权政府还统一制定了各种法规，由中央选派各级官吏，派往各地严格地加以执行。这样做自然会损害一些地方的权益，使一些地区不能充分发挥自己的地域优势，以抑制其政治与经济活力，进而加强对地方的控制。西汉以后推行的盐铁专卖制度、明清厉行海禁等，都是损害某些地区的经济利益而对维护全国统一有利的政策。这些政策在全国的推行，显然加强了中央集权，有利于克服由于地域环境的不同而可能产生的分裂和矛盾倾向。西汉初的"吴楚七国之乱"，吴王刘濞所依据的经济实力，就是吴国当地盛产盐、铜，冶铜铸钱，煮海水为盐，充分发挥了地区的经济优势，所以财力充足，在经济上有能力减轻百姓的赋税，招诱天下流民，以收买民心，发动叛乱。汉武帝实行了盐铁专卖政策后，山东一带这一优裕的地理条件就受到制约，当然也影响了当地的经济活力，但却从政治上抑制了山东一带的分裂主义倾向。东南沿海一带，从宋元以后对外贸易就很发达，一些人在对外贸易中发了财成为富商，他们常与海盗勾结，明朝时这些富商主要是与倭寇勾结，扩张自己的势力，造成了这一带的离心力。明清时期海禁的执行，虽然打击了东南沿海一带的对外贸易，不利于发挥地方经济的优势，但却从政治上强化了对东南沿海的控制，制止了一些富商勾结外国人和海盗侵扰沿海百姓的破坏行为。这些都说明，中央集权的政治结构，可以限制地理环境造成的某些分裂和隔绝的倾向，用政治的力量制约地理环境的某些消极影响。

总之，在自然经济的条件下，要想克服和制约我国地理环境造成的地域间的分离和隔绝倾向，必须不断地从政治上强化中央集权的力量，才能达到预期的目的。故中国从建立中央集权的政治结构开始，就一直在不断地调整和强化中央集权的政治结构，以加强对地方的控制。这就造成了中国封建社会的政治结构的过分发展和庞大，权力的过分集中。

地理环境对政治内容方面的影响，较有说服力的是对法律的影响上。法律是社会管理组织确定并实施的，旨在调整人与人、人与自然之间关系的，以特定形式固定下来的行为规则的总和。其内容由社会物质生活条件决定，因此很自然地要受到社会环境和自然环境的影响和制约。法国启蒙时期著名思想家、社会学家孟德斯鸠在《论法的精神》一书中有专篇论述地理环境与法律制度的关系，其中有些虽然存在谬误之处，但也有不少合理成分。例如，他认为不同的自然条件产生不同的生活方式，不同的生活方式产生不同种类的法律制度，如禁酒的法律首先出于炎热的阿拉伯，印度炎热的气候使人早熟，相应制定了婚龄较早的婚姻法等，这些看来还是有一定道理的。现代法律的制定，人们越来越重视社会所处的自然地理环境和人文地理环境的影响。例如，由于人类活动产生的严重环境问题，相应产生了环境保护法，其以自然环境为直接保护对象，强调用法律手段防止对自然环境的污染和破坏，并通过保护自然环境达到保护立法者所需要的社会环境的目的。由于各国的自然地理环境（自然净化能力）与社会经济条件不同，环境法的具体内容（如污染物的允许指标等）也不尽相同。

此外，政治与环境的相互作用还表现在，西方许多发达国家的绿党作为一支重要的政治力量兴起。绿党最基本的主张是环境保护，也叫"生态政治"。绿党是在强大的"环境保护运动"和"反核和平运动"中产生的。它以保护环境、维护生态平衡和反对核武器为纲领登上政治舞台。目前美国、德国、日本、意大利、英国、法国、比利时、瑞典、瑞士、丹麦、芬兰等国都相继成立了绿党或环境党，它们作为当前欧美社会的一种社会思潮和社会势力，坚持保护和改善环境这一纲领，寻求经济持久健康发展的道路，并企图建立"具有人道的和生态学的生活方式与生产方式"和"介于东西方社会之间"的经济制度。目前，在法国、德国等西方国家，绿党人士在政府中越来越占有要职。绿党或环境党的兴起和壮大，必将对欧美国家的政治产生一定影响。

三、天时地利助胜战——军事与地理环境

地理环境是军事活动的舞台，战争总是在一定地域上进行的，它的直接目的是对一定地域空间的占领和控制，地理环境对于政治、军事力量的抗争以及作战规模与方式等有着深刻的影响与制约作用。古往今来，军事家在运筹谋略时无不把地理条件作为战争的重要因素加以考虑。如中国春秋时代军事家孙武在《孙子兵法》中指出："知天知地，胜乃无穷"。三国时期的诸葛亮指出，作为一个高明将帅应"上知天文，中察人事，下识地理"。著名的《隆中对》是他对当时诸雄割据的政治、经济、军事形势和地理条件的深刻分析。地理环境和地理知识对于军事家的重要作用，正如普鲁士的腓特烈大帝在《给将军们的训词》中所言："地理知识，对于一个将军来说，犹如步枪之对于士兵，数学公式之对于几何家一样重要，他如对地理一无所知，非铸成大错不可。"在冷兵器的时代，地理条件对于军事活动的影响尤为重要，即使在科学技术高度发达的当今时代，地理环境对战争的影响也仍然是重要的，许多军事指挥者仍将地理环境作为决定战术应用的要素之一。正因为如此，不少国家的军事院校都很重视地理科学，如美国的西点军校专门设有地理与计算机科学系，开设30多门地理课程，培养专门的军事地理人才和作战指挥员。在美国国防部任职的高级军官中有相当一部分是学地理专业的，并有不少是军事地理研究的专家。

地理环境与军事活动的关系，可以从地理位置、自然条件（地形、气象、水文、植被等）、人文地理条件（交通、城市等）几个主要方面对战争的影响加以说明。

1. 地理位置与军事活动

地理位置是指某一地表上某一实体（国家、地区、城镇、山川等）与其他实体之间的空间关系。地理位置的含义较广，其对军事影响较明显的是自然地理位置和国防地理位置。

自然地理位置是指国家和地区与其外在某些自然事物的空间关系。它直接影响到军队编制和兵种甚至国家的防御政策。例如，岛屿国家在国防建设中一般偏重于海军和空军的发展，内陆国家则主要建设陆军与空军；至于海陆兼备的大国，往往致力发展庞大的海、陆、空三军，并建立战略导弹部队。在现代社会，出于对进行战略导弹发射和实施远程战略性攻击的考虑，军事家又重视数理地理位置（经纬度位置）的价值。此外，一些重要的自然地理位置如山头、山口、海峡等常成为军事战略要地。

国防地理位置是指该国家与邻国的空间相对位置或相互关系。这主要是从该国家与邻国的社会政治制度的异同、国力的强弱和外交关系如何等方面去衡量。它是国家制订国防政策、战时兵力布置的重要依据。

2. 自然条件与军事活动

（1）地形。地形亦称地貌，是指地表的起伏形态，可以分为山地、丘陵、高原、平原、盆地等类型。它对军事活动有着深刻的制约作用。地形与军事活动的关系，首先是影响到军队的编制，装备及军事力量的施展。例如，一个以山岳丛林为主的国家，由于地形阻隔，战场容量小，必须缩小编制、减少重装备、专门建立装备有轻型武器和特种通信器材及编制精干的山地作战部队，才能适应环境的需要。前苏联军队在入侵阿富汗以后，兴都库什山的地形为游击军所充分利用，苏军不得不使完全机械化的军队走出装甲战斗车，并重新训练不乘车的山地步兵战术，才挽救了极为被动的局面。其次，地形直接影响到战役或战场计划的进行，它对于作战中部队的集结、战场的选择及兵力部署有至关重要的作用。第二次世界大战时期，南斯拉夫游击队在狄那里克阿尔卑斯狭隘山口设立阵地，以小股部队成功地阻滞了德国和意大利大规模军队的后撤。另外，地形条件不同，战场上的视界、射界、火力的有效性、通达性及部队的机动性和对炮火的防护性都不一样，因而战术要求也有很大差别。如平原地区宜装备重型武器和机动性能强的大兵团出击和作战，而山岳丛林地区则相反。又如具有高度快速性与突击力的现代化的坦克装甲车辆在平坦开阔的平原、草原、沙漠等地形上可以有效地发挥其战斗力（如海湾战争中多国部队在伊拉克作战中的大显身手、速战速决），相反在泥泞的沼泽、崎岖的山地或茂密的林地则无用武之地（如美军在越南战场上的困境与持久战）。

（2）气象与天气。气象是指大气中冷、热、干、湿等多种物理现象和物理过程的统称。各种气象因素的作用表现在以下几个方面：

①风。风向、风速的大小直接影响到车辆及飞机的油耗、各种弹丸的飞行和命中率、海上航行的安全状况及核武器、生化武器的杀伤力等。台风、飓风对军事设施、部队行动都有较大的破坏作用，有时甚至是毁灭性的。如1281年元世祖忽必烈征战日本列岛，一场台风使十余万水军一夜葬身大海，仅有3人生还；又如美国独立战争期间，1780年出现在安的列斯群岛的飓风吞没了美英双方几百只战舰和数万人的生命。

②气温。空气的冷热程度影响到战斗人员的体质与精神，过冷过热都会造成大量的非战争减员，并影响车辆、兵器的正常运转以及增加作战难度。例如，1769年被送到西印度群岛的近两万名英军，由于气候闷热，许多士兵患上黄热病，5年间就病死了1.7万

人，占兵员总数的 87%；又如，希特勒在俄罗斯战场因骤寒促成的惨败。1941 年冬天，希特勒的法西斯大军在迅猛的攻战中已经看到了克里姆林宫顶端的红星，但在胜利在望时却失败了，除了苏军的英勇抗击之外，骤寒也是导致德军失败的重要因素。当时气温在两小时内骤降 20 度，数千名德国士兵为酷寒冻死冻伤，无数的德国士兵在冰天雪地里哭喊挣扎，酷寒不仅摧残着人体，而且使武器失灵，枪栓被冻油卡死，车辆、坦克发动机无法启动，所有兵械都不听使唤，在充分做好冬季作战准备的苏军打击下，德军溃不成军。此外，在现代化战争中，高温利于生化武器的使用和杀伤能力的提高，低温则相反。

③湿度。空气中水汽含量高会造成各种技术兵器、仪器因过潮而发霉损坏，也会造成兵员中各种疾病流行；而空气过于干燥则会导致水分供应紧张，车辆和兵器难以正常发挥性能。

④云雾。云雾这一天然帷幕，可以影响到飞行侦察、防空和轰炸。地面浓雾对于大部队集结、开进以及炮兵射击、特别是海上航行影响极大，还会造成生物战剂特别是中气溶胶在大气中的扩散和滞留。

⑤降水。如降水量大、或过于集中，会形成山洪、涝灾及交通线路的破坏，阻滞军事行动，但对于冲刷核污染和生化毒剂很有利。冬季的大雪对于军事行动特别是轮式车辆的越野障碍较大。

⑥雷暴。大气中突然产生的放电现象会造成通信的暂时中断或一些精密仪器的损坏，从而贻误战机，陷入被动局面，影响战事的发展。

天气、天象条件对军事活动有重要影响，"天时、地利、人和"是战争是否取胜的重要因素。而天时，很多时候就是指作战时的天气、天象条件。在古今中外的战争中，有不少战例就是因为正确地运用天气条件而以少制多，以弱胜强的。

三国时期的赤壁之战，就是中国古代军事家利用天时进行作战克敌制胜的典型例子。当时曹操率领数十万兵马南征，进至湖北嘉鱼的长江北岸，只有数万人马的吴蜀联军隔江对峙，但联军用十艘战舰，装上干柴，灌浸油类，借助东南风采取火攻，风助火威，直冲曹操的舰群，周瑜又率兵水陆并进，直捣曹营，曹军大乱，烧死、淹死不计其数，迫使曹操从华容道逃走。探讨赤壁之战的胜败奥秘，唐代诗人杜牧的"东风不与周郎便，铜雀春深锁二乔"诗句，耐人寻味（见图32）。

图 32　赤壁之战

法国拿破仑1812年6月率兵60万进攻俄国，由于他没有考虑到法国海洋性气候与俄国大陆性气候的差异，结果当战争继续到俄国盛暑时，许多士兵和军马中暑，士气大失，到11月初，寒潮不断侵入俄国，风雪交加，法国士兵又冻死冻伤很多，战斗力大减，使拿破仑的60万大军损失了55万而大溃败，拿破仑几乎是只身逃返巴黎。海湾战争中，多国部队自1991年1月17日起对伊拉克进行空袭多是选择"无月之夜"和"涨潮之夜"进行的，这也是考虑了天象条件的。

（3）水文。水文地理情况，诸如江河湖海的分布、长、宽、水深、流速、底质和水位季节变化的特征，以及水库、海峡、海岸的水文情况，对陆海军部队的攻防、登陆与抗登陆作战行动都有较大的影响。对其影响，可以从陆地水文和海洋水文两方面分析说明。

从陆地水对军事活动的影响来看：首先，陆地水是饮水和各种冷却用水的主要来源，水源地对于大规模集结的部队来讲，无疑是生存力和战斗力的保障，因而常成为攻守双方争夺的焦点。其次，陆地上各种形态的水体，当具备一定规模后，便成为陆上行动的一种天然屏障。长而宽的河面常成为军队部署防线与凭借地，密集的地表水网会严重影响部队的机动和展开，常年积水的沼泽大多是军事上的死地。历史上凭河设险、以水当兵是不乏其例的。第三，地表较大的河流、湖泊还是重要的航运通道，对于军用物资的集结和运输，以及水陆协同作战，有积极的意义。另外，地下水的埋藏深度、矿化度以及水位变化对于国防设施的保护、临时防御工事的修筑及部队水源供给等，也都有一定的影响。

海洋是近几百年来世界的重要战场之一，海洋水文状况与海上军事行动的关系极为密切。①海洋潮汐：海洋潮汐是在日月引潮力作用下形成的，具有海面周期性升降的特点，潮差的大小和涨落潮时间对于各种舰船航行，特别是靠岸和登陆，以及布设水雷、选择军港和潜艇基地等都有直接的作用。②波浪：这一最普遍的海水运动形式，其大小和范围对于沿岸军事设施的保护，特别是海上编队、航行及协同作战、兵器瞄准等具有突出的影响。③海水温度、盐度和密度：这些因素的变化可以影响到水下发射的准确性和可靠性，同时其突变性还会形成水下声呐的"盲区"，并直接影响到潜艇的水下航行及上浮下潜。④海流：海流为海洋中的大规模海水沿稳定方向的流动，这种运动对舰艇的航向、航速以及登陆地点的选择等有着明显的影响。

（4）植被。植被是地表重要的天然覆盖物。从战争产生之日起，茂密的森林就被军事家们视为一种天然屏障和隐蔽场所。森林不利于敌人的入侵，而有利于反侵略战争活动的出击与隐蔽，它往往成为埋葬侵略者的坟墓，古今中外的历史上都记载有大量因战争焚烧森林的事件。森林还可用来修筑防御工程、部署兵力。在战术上，森林植被繁茂，不便于大型军团和机械化部队集中行动，联络协调困难，后勤保障不便，但对于布雷和采用伏击战术较为有利。另外，在林区不利于判断方向，不便于实施空中支援及大规模空降，对于卫生防疫等也带来较大困难。因此，许多国家在国防建设上都很重视植树造林，将森林作为一项重要的战备工程。

此外，土壤与地质条件对军事活动也有一定影响。一个地区的土壤与地质情况，直接影响到军队的通行能力、修建急造军路和工事构筑的可能性以及国防施工的工作效率。

3. 人文地理条件与军事活动

（1）交通与通信。现代战争要求军队具有较强协同作战能力、快速反应能力、电子作战能力、后勤保障能力及组织指挥能力等。上述能力的实现，很大程度上依赖于强大的交通和通信条件。现代战争，首先要求交通运输的速度要快，机动性和灵活性要强，这样才有可能迅速完成兵力部署和调遣，使部队快速投入战略或战役的战场，并实施有效的后勤支援。因此有人说现代化的国防是"快"的国防，谁能在战争中用最快的速度将国力集中使用，谁就能取得战争的胜利，而这个"快"，关键也是取决于交通与通信条件。其次，交通线路的质量和位置，对于作战方向和形式以及战区的选择具有普遍影响。战争中物资的消耗量是惊人的，一旦供应迟缓或中断，得到的战机就会失去，战局也可能逆转。因而交通线常被人们称为军队的"生命线"。最后，通信能力是各军兵种配合作战、实施有效的空中及海上支援以及相互协调的纽带，它是联系战场各个部分以及落实指挥系统作战意图的神经网络，在现代战争中特别为兵家所重视。

（2）城市。城市作为人口高度集中、地位特殊的集中点，在战争中有突出的意义。这是因为，城市作为一个地区或一个国家的政治、经济、文化中心，集中了大量工业、商贸业及众多的科研机构，或者是作为重要的交通枢纽或制造业尤其是战略资源的生产中心，具有特殊的战略地位，常成为战略打击的重点和战役中双方争夺的目标。其次，某些城市的兴起，本身就与其战略地位或军事地理位置密切相关，为咽喉或锁钥之地，具有影响区际或全局的战略意义。再次，城市作为一个特殊的战场，高大建筑物鳞次栉比，城市街道纵横交错，视界和射界都较差，大型兵器无法展开和应用。坦克和装甲车易于被攻击和近距离摧毁，因而以巷战战术为主，这对士兵的作战素质和单兵作战能力有特殊的要求。另外，城市人口密度大，成分复杂，也是敌方心理战和间谍战的重点分布区。

（3）人口的地理分布。人口的地理分布、密度的大小，直接关系到兵员的动员数量。例如，人口密度大、人口多的地区，便于征集兵员；反之则较困难。从城乡人口差别看，城市人口多而集中，动员速度较快，农村人口比较分散，动员速度相对较慢。此外，人口的年龄结构、性别构成、文化素养等地理分布情况对一个国家的军事潜力也有很大影响。

（4）战略资源及其地理分布。战略资源（包括能源、某些矿产资源等）及其分布对军事活动影响很大。例如，石油是现代战争的"血液"，飞机、坦克、舰艇、战斗车辆等都离不开石油。铁、锰、铬、金、铂、银、铝、钨、铅、钛、铜、镁、铀、钴等矿产资源，对一个国家的兵器、航空、造船、电子、导弹、人造卫星以及核武器等国防工业的发展，具有极为重要的作用。战争实践证明，掠夺战略资源是一些战争的目的之一，同时战略资源的缺乏，往往是导致战争失利的重要原因。在战争期间，战略资源要地也往往成为攻击与控制的重要目标。

此外，地理环境与军事活动的关系还体现在战争对环境的破坏，每一次大规模的战争都要严重破坏地理环境，特别是现代战争时，它可以给大规模的生态环境造成毁灭性的影响，使大片沃野变成焦土。例如，20 世纪 60 年代美国对越南的战争可以说是一场"生态灭绝战争"。1966—1970 年美国在越南共投掷炸弹 750 多万吨，形成弹坑 1000 多万个，占地面积约 100 万亩。除狂轰滥炸以外，还用喷洒农药、推土机群等手段毁灭了越南 1800 多万亩森林和难以统计的野生动物，由于爆炸物和化学药物的侵蚀，使许多地块土质恶化。这是战争对环境直接破坏的典型例证。同时，军事与战争还对环境造成间接破坏。这主要表现在为准备战争特别是进行战争时，扩大和加剧对环境资源的利用和破坏生态环境的安全。例如，超级大国的军备竞赛和某些国家的核试验造成的环境核污染以及核废料的抛弃，都已对人类形成了一定的危害。

四、因地制宜是铁律
——经济发展与地理环境

　　大自然创造了人类，作为自然之子的人类，其一切活动都离不开自然规律和地理环境的制约。人类的经济活动也不例外，与地理环境有着不解之缘。

　　对于影响经济活动而言的地理环境条件，主要是指地质、地貌、气候、水体、土壤、植被等自然要素和矿产、能源、水利等自然资源以及地理位置。这些地理条件是社会物质生产经常、必要的条件。它通过社会生产方式这一中介间接影响到人类的经济活动。在不同的社会形态下，同样的地理环境条件对经济的发展与布局的影响是不同的。例如，在漫长的人类社会发展的历史过程中，有许多矿产资源在地下沉睡了千百万年，对经济发展和生产布局毫无作用，只有当社会发展到特定阶段时，它们才陆续获得了实际的经济意义。就总体而论，地理条件不可能直接地决定经济发展与生产布局。但是，我们决不应据此而低估地理条件对经济发展与生产布局的重大作用。因为，在特定的社会生产方式下，或者说在同样的社会形态范围内，地理条件对于社会劳动生产率的水平和各地区的经济差异与生产布局有着重大影响，对于某些生产部门的发展和布局甚至具有决定性影响。例如，自然条件对于采矿业、农业和水力发电等部门的劳动生产率水平就具有决定性的影响。这不仅是指没有矿藏就不能发展采矿业，没有水力资源就不可能建设水电站，而且即使在几个地区都拥有同类资源，但由于具体的地质、地貌条件不同，企业布局、劳动生产率水平也有很大不同。在农业方面，气候、土壤、地形、地表水等条件也在很大程度上决定农业劳动生产率。

此外，地理环境的差异性以及自然生产力的多样性，是形成劳动地域分工和产业布局的自然基础。例如我国，在地形、气候、水资源等自然条件的地域差异作用下，形成"东农（耕作业）西牧"、"南稻北麦"的农业大体格局。东北、西南地区丰富的森林资源，西南、西北、中南地区的水能资源，东北、华北地区的石油、煤炭资源，南方的有色金属和稀有金属矿产等等，既是构成我国生产布局格局的自然物质基础，也是影响我国各地区劳动地域分工和大宗物质能源流量与流向的主要因素。正确认识和利用地理条件的差异性与多样性，是形成合理的劳动地域分工和加快经济发展以及提高生产布局效益的重要途径之一。

地理位置是指自然与经济要素在空间位置的相互关系，是重要的地理条件，随着社会经济的发展，其作用越来越显得重要。通常一个国家或地区的整个地理环境的性质以及社会经济状况，大致取决于其地理位置（主要是指纬度位置和海陆位置）。具体说来，某个国家或地区的气候、水文、土壤、生物的类型和性质，在很大程度上由其地理位置决定，某个国家或地区有没有这种或那种生产部门（尤其是农业部门）以及社会经济发展速度，深受其地理位置的影响。通过世界上许多国家的对比，似乎可以发现这样一个规律，在社会经济发展水平上，温带地区和临海地区的国家绝大多数高于热带、寒带地区和内陆地区的国家。特别是深居内陆、交通闭塞的国家，经济发展水平一般都较低。例如，世界上共计有 35 个内陆国，其中有 25 个国家被列入最不发达或经济落后国家。即使在一个国家内部，沿海地区的社会经济发展水平一般高于内陆地区。可见，地理位置对社会经济发展起着加速或延缓的重要作用。地理位置中的经济地理位置属于社会历史范畴，因而处于不断发展和变化之中，它对一个国家或地区的社会经济发展的作用具有明显的动态性或时序性。

地理位置深刻影响到生产布局。一般来讲，区位、交通、信息优越的地方蕴藏着巨大的经济潜力，在那里合理布局企业，能够收到投资少、运费低、生产成本低、企业协作条件好和经济效益高等明显效果。地理位置或区位对于经济的发展始终具有重要影响，即使在科学技术与市场经济高度发达的当今，其影响仍然是存在的。著名人文地理学家王恩涌教授有这样一句很经典的话："如果说经济规律是支配市场经济发展'无形的手'，那么地理学的规律就是支配区域经济发展的那双'无形的脚'。"① 一个地方距离消费市场、经济中心、交通枢纽的远或近，对外联系的方便与否，其经济效果大不一样。这也是日本等许多国家把大型企业集中布局在沿海地区的重要原因之一（见图33）。总之，地理环境对经济的发展与布局起着明显的加速或延缓作用，在特定条件下甚至可以起到决定性的作用。

地理环境深刻影响着生产布局与经济发展，而生产布局与经济发展也给地理环境带来巨大的影响。例如，近现代以来，工业的"三废"对环境造成了严重污染，农业不合理的开发导致了森林、草原等资源的破坏，以及水土的严重流失和沙漠化的不断扩展……人类在经济发展中面对大自然铁腕的回敬几乎束手无策。环境对于经济、对于人类未来命运的严重性已超过了科技作用的范围，正在为世人所关注。当今人们不得不痛苦地承认，科技并非万能，经济发展不能为所欲为地掠夺自然、破坏环境，任何急功近利、竭泽而渔的做法都将受到大自然的惩罚。目前，人们正在寻求一条经济与

---

① 王恩涌：《王恩涌文化地理随笔》，商务印书馆 2010 年版，第 325 页。

图 33　临海型工业布局

环境协调发展的途径与模式。1992 年，美国国家科学院和英国伦敦皇家学会联合发表了一个报告，指出"如果这个星球上的人类活动的模式再不改变的话，那么，科学技术就不可能阻止进一步的、不可逆转的环境恶化，以及世界许多地方的贫困"。在经济的狂热发展中，持续了一个多世纪的对地理环境的轻视和对科技能力的盲目崇拜的传统观念已开始被人们抛弃。在社会经济发展中，所谓"发展"的概念以及增长的理论，如果扣去环境的破坏、资源的损失，就不能算是真正的"发展"与"增长"。目前国际社会已开始考虑把环境和资源的损失计算到成本中去，"环境会计学"从而应运而生。这个新生事物的诞生，从一个侧面反映了人类已在重新考虑经济发展与地理环境及自然资源的关系。人类只能寻找一条尽量少毁坏环境的经济发展之路。只有尽量少毁坏环境的发展才是真正的发展，只有尽可能地少消耗自然资源、少破坏地理环境的经济增长，才是对人类有益的真正的经济增长。因地制宜，尊重自然，永远是经济发展应遵循的铁律。

五、风调雨顺兆丰年——农业与地理环境

有人说，国家的长治久安，农业的风调雨顺，是中国人自古以来的两大梦想。只要季风气候改变不了，农业的风调雨顺这一梦想的实现就很困难。

农业是利用动植物的生长繁殖机能来获取产品的物质生产部门。农业生产是自然再生产与经济再生产密切结合的过程，它与自然条件或地理环境的关系极为密切。这种密切关系主要可以从农业生产的特点和影响农业生产的自然因素两个方面得到说明。

1. 农业生产的特点

农业生产具有季节性与周期性、地域性、综合性和不稳定性等特点，除综合性这一特点外，其他所有特点均是由于自然条件的影响决定的。

（1）季节性与周期性。由于作物生长发育受热量、水分、光照等自然因素的影响，而且这些自然因素均随着季节而有变化，并具有一定的周期，所以农业生产的一切活动都与季节有关，也具有一定的周期。农业生产的劳动内容，在一年中随着季节的不同而改变，如播种、灌溉、除草、收获等。在一定季节内所要求的农事活动，必须按季节完成，不能随意提前或推迟。如华北一带的农谚"白露早，寒露迟，秋分种麦正当时""清明前后，种瓜种豆"等足以说明农业生产的强烈季节性特点。由于农业生产的各种作物的生长发育，从播种到收获是一个周而复始地重复出现的过程，加之自然条件中的光、热、水因子具有周期性的变化规律，因此农业生

产具有周期性的特点。

（2）地域性。农业生产的对象——动植物在自然界生存，需要空气、水分、阳光、热量、土壤，而不同的生物的生长发育规律不同，它们所要求的自然条件也不一样，特别是光、热、水、土存在着地域差别，因而农业的地理分布呈现明显的地区差异。这种差异使农业生产具有地域性特点。如我国农业布局上的"东农西牧、南稻北麦"，基本上是由地理环境的地域差异决定的。农业生产必须从各地的地理条件的实际出发，按自然规律办事，按因地制宜的原则办事。

（3）不稳定性。由于自然条件对农业生产有着深刻影响，加之目前人类控制自然的能力有限，农业生产在收成上具有不稳定性的特点，如雨量的多少，气温的高低，日照的长短等年际变化，都直接影响到农业生产的丰收与歉收。这在季风气候条件下的旱涝灾害范围大的地区尤为明显。

农业生产不能不顾自然条件、违背自然规律和忽视农业生产的特点，我国一度片面实行"以粮为纲""甜菜南下，甘蔗北上"，大搞开垦荒地和围湖造田（"开荒开到山顶上，插秧插到湖中央"），与天斗与地斗"其乐无穷"，等等，曾经遭到大自然的无情惩罚。

2. 影响农业生产的自然因素

在各种自然条件中，以土壤、气候、地形等对农业的生产影响最大，这些自然条件从其对农业发展的意义和作用上看，完全是农业发展不可缺少的自然资源。这里主要以地形、气候对农业的影响为例，说明自然条件对农业发展和布局的作用。

（1）地形。土地是农业生产的直接对象，是农业的基本生产资料和自然基础。土地地表形态的特点对农业发展有极其重要的意义，研究农业地理必须科学评价地形条件对农业的作用。地形对农业发展和布局的影响是多方面的，这里仅简要举例说明。

地形类型不同，对农业有着不同的影响。平原地势平坦，面积广大，对农业发展非常有利，尤其是对农业机械化、水利化以及建立大规模农业基地提供重要条件（见图 34）。当前世界主要农业基地都分布在平原地区，例如北美大平原是加拿大、美国的重要谷仓，西欧大平原是欧洲重要农业基地。

图 34　平原农业机械化

丘陵地比平原起伏大，无大山和高峰，绝对高度和相对高度都低于山地，即使适于耕作业，但大规模机械化与水利化都受到一定限制。山地海拔高，地形起伏大，平坦地面少，坡地占绝对优势，对农业的发展有很大的不利影响，尤其不利于农业的机械化与水利化发展。山地的农业耕作比较困难，有些地方完全依靠人力与畜力（见图 35）。

由于高度每增加 100 米，气温降低 0.6℃ 左右，所以山地农业的一个重要特点是呈垂直变化，以鄂西山地东部边缘地带为例，800 米以上的山地主要作物为玉米、马铃薯等旱田作物，500～800

图 35 山区农业耕作

米的低山，水稻渐多，旱作物相对减少；200~500 米的丘陵地区，稻与麦为主要作物；500 米以下，双季稻比重显著增大。

地形起伏对农业意义也非常重大。坡度大小不仅影响农地质量的好坏，而且直接影响农业机械化、水利化、农田基本建设。一般来讲，坡度 5°以下有利于开垦耕地，5°~10°适于开辟果园，15°以上可作牧地，30°以上只可植树种草。

地形上的坡向对农业生产也非常重要。南坡（向阳坡）日照时间多，热量足，水分少；北坡与此相反。一般说来，同样作物南坡作物比北坡要早熟 3~7 天。

（2）气候。农业发展最重要的条件是生物对光、热水分的要求。气候是农业发展极其重要的自然资源。因为农业生产对象是有生命的有机体（植物、动物），必须有一定的光、热、水分才能完成其生长发育过程。如果缺少这些条件，或者某些方面不足，植物或动物就不能生存，或者影响它们的生长和发育。气候条件对农业发展和布局的主要影响如下：

①光照与农业。太阳辐射能对于生物是非常重要的，俗话说"万物生长靠太阳"，如果无阳光及其热量，地球上就不可能有生命。阳光使绿色植物进行光合作用，植物体内的叶绿素在光的作用下，将水和二氧化碳合成为碳水化合物（制造有机物质的必要因子）。植物体干物质有 90%~95% 是通过光合作用固定二氧化碳产生的，只有 5%~10% 是由土壤的养分产生的。通过光合作用使太阳辐射能转化为化学潜能，成为植物各种生物活动的能源，用于绿色体的增长和器官（茎、叶、花及果实）的形成。农作物种类不同，在生长发育过程中对光谱（光质）成分、光照强度和光照持续时间的要求也不同。

在光合作用的过程中，由于叶绿素的选择吸收性的影响，能吸收大量红、黄、紫色光线，以红光最多，绿色光几乎完全不能被吸收。红-橙黄光照可加速各类作物的生长发育。作物不同对光谱的要求也不同。掌握不同植物的光谱特性，对温室用人工促进作物生长有重大意义。

光照强度的变化对光合作用强弱影响很大，大多数植物要求光照强度较大，但达到一定强度时，光合作用速度就不再增加，这就是"光饱和"现象。光照强度过高时，反而能因失水过度和气孔关闭，而使光合作用减弱。一般农作物都属喜阳植物，如玉米、小麦、萝卜、烟草等。在一般阳光照射下，都能满足作物的光照强度的要求。

②热量条件与农业。温度：农作物发育的温度热量是植物生长发育绝对必须的条件之一，温度高低直接影响植物的生命活动和各种生理机能。对植物的各种主要机能来说，有三个主要温度界线，即最低温度、最高温度和最适温度。以棉花为例，最适温度为 25~

31℃，最低为15℃，最高为46℃。在最适温度范围内生命过程进行最好。在最低温度以下或者最高温度以上生命活动将受到抑制甚至停止。但这并不是植物的致死温度，如果温度继续升高或降低到足以引起植物内部组织严重破坏时的温度，为该植物的最高（或者最低）限界温度。植物在不同的发育时期对温度的要求也不同。

积温：植物除要求一定温度条件进行生命活动外，各个发育期还需要积累一定温度总和，其积累温度称为积温。当日平均气温高于作物生长最低温度时，作物才有生长活动的表现，该日的平均气温叫做活动温度，计算由一个发育期到另一个发育期所经历天数的日平均温度总和，称为活动积温。通常将日平均气温≥10℃的积温作为计算农作物生长的积温（因为一般作物生长最低温度都为10℃左右）。积温对分析农业的热量条件意义重大。如果某地区或生长季内的积温不足于这种植物整个生育期所需要的积温，即表明该地区或该季节内种植这种作物的热量条件不够，作物不能达到正常的成熟。例如从活动积温看，我国青藏高原、新疆北部、内蒙古东北部与黑龙江北部在1500~2000℃，而我国水稻生育期间要求积温在2000~2500℃，可见这些地区种稻不大可能，而东北及内蒙古大部分地区积温在3000℃左右，华北积温在3000~4500℃，都可以种稻，但只够每年一熟，长江流域积温在4500℃以上，为一年两熟提供了有利条件，在北纬25°以南积温达到6500℃以上，一年可以三熟。

无霜期：终霜之后到来年初霜之前的一段时间为无霜期（最低温度高于0℃），亦称为生长期。无霜期长短对农业发展和分布影响很大。我国广东、广西、台湾、福建等省部分地区几乎全年无霜（多在325~350天），因此全年都可栽植作物，可达一年三熟；长江中下游无霜期可达250~300天，四川盆地达300天以上，作物大多一年可以两熟；黄河中下游一带无霜期约为150~250天，作物大多两年三熟；内蒙古、东北各省无霜期达 150 天以上，作物大多一年一熟。

热量条件对农业生产尤为重要的原因，还在于目前很难根据人们的需要来调节温度。由于温度对农业发展十分重要，往往几度之差就可造成严重灾害。

③水分条件与农业。降水是农业用水的主要来源。植物的生长和发育需要大量水分，植物体 90% 以上是水分，没有水植物就不能生活。水是农作物生长的必需物，而农作物吸收养料时也必须通过水分，因为农作物所需要的土壤中的养料必须溶于水中，然后农作物才能吸收，例如收获 1 公斤干玉米需 400 升水；如以玉米为例，每公顷需要 600 万升水，一般作物也需要年降水量在 400 毫米以上。

降水：农业用水绝大部分来自降水，因此降水的数量、分布、季节变化、效率、强度以及湿润程度等等，对于农业发展和布局影响很大。

降水数量：降水数量是水资源的最重要条件。无论农业用水或者其他方面的用水，必须有一定的降水保证。例如我国，就是以 400 毫米等雨量线将全国划分为两大部分，西北部为干旱部分，东南部为湿润部分，二者在农业上有着显著区别。大兴安岭西部、内蒙古高原、黄土高原、甘肃西部、新疆南部为我国干旱地区，农业上以畜牧业占绝对优势，与此相反，东南湿润地区以耕作业为主，尤其是水稻种植业占重要地位。因此，在分析农业布局时必须分析各地区降水数量。

降水季节：对农业影响较大的不仅是降水数量，降水的季节也很重要。例如我国东部、朝鲜和日本等季风气候区，大部分夏季炎热多雨，冬季寒冷少雨，雨季与耕作期在同一时期，水热配合良好，有利于种植业的发展。而地中海沿岸、美国的加利福尼亚、智利中部、非洲南部、澳大利亚南部等地中海式气候区，降水的80%以上集中于冬季，夏季干旱少雨，农作物主要靠人工灌溉。

降水变率：各地区虽然有大致的降水量，但历年也有所变化，有些地区有时各年雨量可相差几倍。降水变率影响到降水量利用的价值，降水变率愈小利用价值愈高。降水变率大，容易形成旱涝灾害，对农业生产不利。降水变率的大小主要与各地雨量来源有关。一般来讲，以地形雨、锋面雨为主的地区降水变率较小，以台风雨、对流雨或季风降雨为主的地区降水变率较大。同时还与地理空间因素有关，例如我国北方的降水变率要远大于南方。

降水强度：降水强度也直接影响到降水量的利用价值。降水强度较小则有利于农业生产。降水强度的大小决定于降水来源的变化条件。例如，受台风影响较大的地区，降水强度很大，有时一次强台风就可能降下全年降水量的四分之一以上。受季风影响的地区，也能形成较大强度的降水，例如我国河南省的林庄日降水量曾高达1005 毫米（1975 年 8 月 7 日）。高强度的降水能给农业生产乃至人民的生命财产安全造成毁灭性的灾害。

土壤水分：土壤中的水分对农作物的生产和发育的意义十分重大。土壤水分不足，会使植物体内的水分供应与消耗失去平衡，细胞失去膨压能力，叶片卷缩，严重时使植株呈凋萎状态，甚至于枯死。土壤中的水分过多，土壤中的空隙全部被水分所充填，达到饱和状态，缺乏空气，土壤根系和微生物的活动受到限制，不利于植物生长。一般作物最适宜的土壤水分为饱和含水量的 70% ~ 75%。但是不同的作物要求的土壤水分是不同的，例如，燕麦是在土壤水分达 60% 产量最高，如果土壤水分提到 80%，则产量降低 20%；马铃薯则土壤水分达 80%，收获量最高，如果达到 100%，收获量要减少 30%。因此，合理布局农业必须重视土壤中水分状况。过多需要排水，过少需要灌溉。

空气水分：空气的湿度（空气中含的水分）大小直接影响土壤水分的蒸发和植物的蒸腾作用。空气干燥加大了植物的蒸腾作用过程，往往会引起萎缩，叶面气孔关闭，影响光合作用的正常进行。同时也会引起土壤水分消耗过多，形成土壤干旱。相对湿度过高，对植物生长也不利，如果长期生活在高湿条件下，植物的保护组织与机械组织发育不良，生长不健壮，容易引起倒伏，同时在高湿条件有些病菌繁殖较快，也容易引起病害。不同作物对空气湿度要求不同，水稻需要空气湿度较大，小麦相对要求空气湿度较小。同一作物在不同发育时期对湿度要求也不一样。一般作物在生长前期要求湿度高，而成熟的后期要求湿度小。故一般作物后期要求多晴少雨的天气（特别是棉花等）。

（3）土壤。土壤也是影响农业的基本因素。俗话说"万物土中生，有土斯有粮"。土壤的机械成分、酸碱度和营养物质的含量（或肥力）都直接影响到农作物的种植。如花生、棉花宜在沙质土壤中种植，水稻宜在黏土地区种植，茶叶宜在酸性土壤种植，水稻对土壤肥力要求远比旱粮高。农业布局应合理利用土壤资源。

由于自然条件对农作物的生长有着各种具体影响，而世界各国各地区的具体自然条件又很不相同，这就影响到世界各地区农业生产的多样性，影响到各地区农业生产季节的差别。从某种意义上说，也影响到各地农作物种类之差异。同时，它也部分地影响到农业生产的操作方法，甚至影响到农作物能否生长等问题。因此，我们要正确全面地估计自然条件对农业的有利与不利作用，因地制宜，自觉地克服自然条件劣势或缺点，更好地发挥自然条件优势，促进农业生产的发展。

六、北重南轻自有因——工业与地理环境

工业是国民经济的主导部门，工业生产的发达程度是决定各国各地区经济面貌的重要标志。工业生产包括两个方面的含义，一方面是对自然界物质财富的采掘和采伐（如采矿工业和伐木工业等），另一方面是对矿产、农产品和畜产品等物质财富的再加工，使它变形或变质而获取新的产品（如各种加工工业、化学工业等）。就工业生产与地理环境的关系而言，虽然地理环境对工业的影响不如对农业表现得那样明显和直接，但它仍然是工业发展与布局的重要条件。这里仅以自然条件为例，说明地理环境与工业生产与布局的关系。

自然条件对工业的影响主要表现在以下几个方面：

自然条件为工业生产提供了劳动对象。例如矿产、水力等资源的蕴藏为采矿业与水电工业提供了劳动对象，森林资源为采伐工业提供了劳动对象，只有在埋藏石油的地区才能开采石油，只有在森林区才能采伐木材。可见在工业生产中，自然条件特别是自然资源的状况，对于某些工业来讲，具有决定性的影响。

自然界为工业生产提供了劳动场所。例如，冶金工业企业、化学工业企业、汽车制造企业等需要很大的厂地面积。有许多工业企业不仅需要劳动场所（厂地）很大，而且还对场地的地质地貌条件有较高要求。如钢铁工业企业、重型机械制造企业所需要的场地必须地质基础好、承重力高。

自然界为工业生产提供了加工原料（包括矿产的、植物的、动物的）。加工原料的多少与原料离工厂的远近，对工业的发展与

分布有着重大的意义。工业生产过程能否获得有保证的大量廉价原料，是工业发展的重要条件之一。矿产资源的储量、质量、埋藏状况及矿床赋存的地理条件，不仅影响到企业建设的可能性（因为只有储量与品位达到一定标准才能具备开采价值），也影响到企业的规模与生产方法（例如煤田的煤层的厚度与倾角，埋藏的深浅决定煤炭生产是露天开采还是井下开采等）以及工业的生产效率。

自然界为工业生产提供了燃料动力资源（煤炭、石油、天然气、水力等）。燃料动力资源对于工业犹如粮食之于人类，故有人把能源谓之工业的命脉。离开了燃料动力资源，工业生产就不能运行。尤其是有色金属、钢铁、化工等工业对能源资源的耗量特别大，因此在这些企业的布局时首先要解决好燃料动力资源的供应问题。自然能源的状况与性质不仅影响到工业的分布状况，也影响到工业的规模与结构。

工业生产不能不顾自然条件、违背自然规律与经济规律，我国在极"左"时期片面实行"全民大办钢铁"（滥伐森林、土法炼钢），扭转"北煤南运"，改变工业"南轻北重"，工业布局实行"山、散、洞"，等等，曾经付出沉重而惨痛的代价。

以上简要说明了自然条件对工业生产总体影响，为了深入分析地理环境在工业生产中的作用，下面我们具体分析一下各种自然因素对工业生产的影响：

1. 地形与地质条件

现代工业生产特别是大型企业需要较大面积的土地、平坦的地形和良好的地质条件。工业用地最好要较平坦，坡度较小（一般在5%以下），而且要求地面完整，不能支离破碎，否则要填或挖掘大量的土石方，增加企业的基建投资经费。某些重工业企业如钢铁工业企业、水利枢纽工程等，对地质条件（地基的承载能力）

有特殊的要求。如三峡水利枢纽工程选址在三斗坪，与这里的得天独厚的地质地貌条件有关。该处峡谷地段水力丰富，河床所在地黄陵背斜核心部分的花岗岩风化壳很薄，基岩新鲜，坚硬完整，抗压强度大，加之河心中有一天然"桥墩"——中堡岛，堪当大坝基座之大任。就地质地貌条件而论，三斗坪作为三峡坝址，可谓"天造地设，坚固如磐"（见图36）。上海宝山钢铁企业由于地基松软而用打钢桩和混凝土浇铸的办法改善地基条件付出了巨大而沉重的财力、物力与人力代价。此外，地震、泥石流、滑坡、山崩、断层等对工业企业也有重大影响，有时甚至造成毁灭性的灾害。如湖北宜昌市的殷盐磷矿盐池河矿区在1980年6月3日被山崩灾害毁坏，崩塌的岩体摧毁了整个矿区，造成284人死亡，损失惨重。

图36　"天造地设"的三峡水利枢纽工程

资料来源：http：//www.nipic.com.

2. 气候条件

气候因素相对于地质、地貌因素，对工业的影响作用要小一些。这是因为现在可用人工的办法控制室内的小气候，使之限制性减小。但它对某些工业的影响还是存在的。例如，纺织工业对气温、湿度均有一定要求，一般来讲，气温在 21~27℃、相对湿度为 60% 左右最为适宜，若气温过高或过低，空气湿度过大或过小，都会影响纤维的强力和韧性的大小，增加断头，影响产品的质量。虽然可用人工的办法对车间的气温、湿度进行改善，但由于增加调温调湿设备，难免加大产品的生产成本。某些工业的布局，还应考虑风向、风速、空气洁净度、暴雨以及与气候有关的洪涝灾害的影响。

3. 水资源条件

水资源对现代工业的发展与分布有着重大影响。它不仅是现代工业所用的动力的主要来源之一（如水电），而且许多工业部门本身在生产过程中就需要消耗大量的水，尤其是冶金、化工、造纸、印染等企业。例如一个大型钢铁企业的用水量，就相当于一个中等城市的生产、生活的全部用水量。据调查，每生产一吨钢平均用水在 2000 吨以上，每生产一吨棉纱需水 300 吨左右。这些高耗水量的工业企业，水对其分布具有决定性的影响。因此，这些企业都是临近大河、湖泊与海洋分布。此外，某些工业企业对水的质量也有特殊的要求。

自然环境或自然资源深刻影响工业的发展与布局，如我国"北重南轻"的工业格局（北方重工业较发达，南方轻工业较发达）就与地理环境的影响特别是自然资源的分布有关。工业的发展与布局也影响和改变着所在地区的自然环境，如工业排放的大量废气、废水和废渣，严重污染着自然环境，它可以严重降低空气质量与水体质量，产生酸雨、光化学烟雾等严重污染甚至公害，并对人体和某些生物产生危害。工业的发展，为了获得厂址与交通条件，甚至用"移山填海"的办法来解决，会导致局部地表形态的显著改变。工业对地理环境的影响，较之其他产业更为显著。

七、南船北马话交运
——交通运输业与地理环境

　　我国自古就有"南船北马"之说，可见交通运输深受地理环境的影响（见图37）。虽然随着社会与科技的发展，交通运输受地理环境的影响日益减小，但仍然受其制约。

图37　南船北马

　　早在西汉时的《淮南子·齐俗训》中就已经有了"胡人便于马，越人便于舟"的记载。"南船北马"简洁生动地描述了南北地域颇有特色的交通运输民俗。

　　从历史上看，我国农耕文明的发祥地主要在黄河流域，逐渐向南扩展到荆楚、吴越、巴蜀，跨五岭直达南海。南方各民族生存的区域多江河湖海，交通往来主要靠河海提供舟楫之便，船的产生由来已久，是人类最早使用的生产工具和交通工具之一。《周易·系辞》中就记载，黄帝时"刳木为舟，剡木为楫，舟楫之利，以济不通"。

在南方水乡，船是人们赖以生存的工具，靠它渔猎获食，运输代步。《吴越春秋》中形容吴越之人"以船为家，以楫为马"，《春秋大事表》则说吴人"不能一日而废舟楫之用"。由此可知船在古南方民族中的重要地位。

生活在千里草原的游牧民族，很早就形成以畜力驮拉物品以及骑马、骑驴等交通民俗。但在所有的畜群中马占有最高位置，马不仅是主要的代步交通工具，也是重要的生产、生活工具。蒙古牧民素有"马背上的民族"之称，人们不论是走亲访友、迁徙移场，还是狩猎放牧都离不开马，马是一切财富中的主要财富。

舟与马不仅是生产和生活的工具，同时也是人们的娱乐用具。赛龙舟和赛马是南北两地不同民族各自喜爱的娱乐活动。南方民族常年驶船在水上逐浪，北方民族终日骑马在草原驰骋，这种单调的生活都需要娱乐活动调剂，于是与农耕民族与游牧民族相适应的娱乐活动赛龙舟、赛马应运而生。那种充满热烈的情感体验与情绪宣泄的娱乐方式构成南北民族不同的审美动态形式。比如对于草原上的民族来说，生存和生产生活的需要，使他们从日常生活中提炼出适于增长体力和技能的体育锻炼项目，赛马、射箭、摔跤是蒙古族男子汉必须具备的三项技能。

马和船用于战争，也是南北方所不同的特点。如辽阔的草原，发达的畜牧业，骁勇剽悍的民族，孕育出13世纪成吉思汗时代一支世界上最强大的骑兵，这支队伍一人数骑，风餐露宿，具有很强的战斗力，以压倒一切敌人的英雄气概，以一当十，以十当百，以少胜多，纵横驰骋于欧亚大陆，席卷了半个世界，号称"蒙古旋风"。而在春秋战国时期，我国南方吴国的战船是当时最有名的，有"楼船""突冒""三翼"等多种舰艇，吴国就是凭借这些战船先后在汉水和太湖大败楚、越两国。历史上的"赤壁之战"，更是水上用船创造的以弱胜强、以少胜多的著名战例。

　　船与马还反映出南北方民族不同的文化心态。

　　南方农耕民族的生活环境河湖密布，雨量充沛，土地肥沃，是理想的农耕地带，生活的地理环境的自然优越性很容易产生快乐、满足感，产生执著的乡土意识和热爱祖国、热爱家园的民族意识，期望生活环境安定，厌恶战争，决不轻易离开生于斯、养于斯的土地，所以"船望风静，人望国安"。自然形成了一种以土地和家族血缘为向心的凝聚力，家族观念极强。独特的地理环境造就了独特的文化观念。家族是缩小了的国家，而国家也正是这种放大了的家族，这种"家国一体"的模式，一国之君和一家之主就像船上的舵一样重要："船载千斤，掌舵一人"；国家的安定要靠明君治理："船歪舵不灵，国乱主不正"；家庭的兴旺要靠家主的打理："船无舵不行，家无主不兴"。农耕民族由于小生产者的自给自足，彼此隔离，同外界缺乏沟通，一般是"各扯各的帆，各行各的船"。在这种农业生产方式下，人们很难改变自己的命运，因此培养出了人们普遍的安分守己的无为德行，注重谦卑，崇尚中庸，处世圆滑，常言道："船到弯处须转弯""人不弯路弯，船不弯水弯""看风使舵"。人们性格相对懦弱，大多数情况下是消极地忍耐。"胸中天地宽，常有渡人船"，船在人们心目中充当了息事宁人的载体，"和好一个人一条船，得罪一个人一堵墙""帮人帮到底，渡船渡到岸"。"船文化"观念可谓深入人心、无处不在。

　　与尚农、务实的农耕民族文化心态不同，北方的游牧民族以尚武、豪放著称于世，其生活方式、民情习风和心理素质富于苍劲雄健的气势。长期的游牧生活，历史上连绵不断的战争，养成了北方游牧民族特有的民族性格、文化类型和风俗习惯，他们生活简易、民风淳朴、眼界开阔、性格直爽（骑马者喜欢"直来直去"）、粗犷，行为灵活，流动而不僵滞，变化而不呆板，他们的财产不在于固定的土地，而在于随他们一同漂泊的畜群，这也决定了草原人的好客、冲动的民族性格。这种强健、勇毅的人生风范，宽阔壮美的内心世界，充满活力的气质，使人们感受到了北方游牧民族生命的博大与坚强，焕发着金戈铁马式的阳刚之美。

我们由"南船北马"一语引发了我国南北交通的差异及其对生产生活、军事活动、文化心态、民族性格等影响的话题，下面我们还是言归正传地讨论地理环境与交通运输的关系。

交通运输业是指人类利用各种运输工具，使人或货物沿着特定路线实现空间位置移动的生产部门。地理环境对交通运输业的影响，主要表现在对交通运输布局的影响方面。交通运输布局，包括运输线路和运输枢纽布局。运输线路包括铁路、公路、内河航道、海上航线、航空线路和管道及架空索道。这些交通线路无疑都要占据一定空间，必然会受到一定地理环境的影响。同工农业生产一样，交通运输布局不仅受社会生产方式的影响，也受地理环境的影响。有些自然条件，如顺风、顺水和空气的浮力等，是交通运输布局的辅助力，有些自然条件则是交通运输布局的阻力。交通运输业生产，是凭借自然条件和线路在运动中进行的。它涉及很大的空间，犹如一个巨大的"露天工厂"，不像工农业生产那样固定在个别地点或地区。交通运输业的发展，在很大程度上就是克服空间障碍的过程。自然条件主要影响交通线路的走向、质量、投资和分布状况，同时，交通工具的运行，也要受到与运行方向相反的运行阻力的反作用。地理位置、地形、地质、水文、气候等不同的地理条件，对各种运输方式的影响形式和程度各不相同。

地理位置直接影响运输方式、走向、运价等。新加坡如果不是处于马六甲海峡东端这样一种"咽喉"位置，就不可能有今天这样发达的海上航运与社会经济。又如意大利的地理位置，由于中世纪以前的航海技术只能使海上贸易在地中海进行，帆船还不能经常在大西洋或太平洋航行，加上西亚、北非、南欧的经济发展的需要，地中海很长时间成为世界交通、经济的中心。15 世纪以前，意大利几乎有 7 个世纪在世界交通、经济、文化中占有重要地位。这与意大利所占据的地中海的中心地理位置是分不开的。

不同的地貌形态对交通运输布局影响的差别很大。交通运输业基本建设要求工程量小而线路质量高。所谓线路质量高，就是线路较直、坡度小、弯道小、曲线半径大。能满足上述要求的线路，可以增加运输工具的牵引重量和行车速度。因为运行中的车辆，要受到基本运行阻力和附加运行阻力，附加运行阻力的大小，等于车辆重量与坡度正弦的乘积，如果坡度愈小，坡度正弦的值愈趋近于零，即车辆受到的运行阻力愈接近于基本运行阻力。所以，交通线路愈是平直，车辆牵引力愈大，车速愈快。平原地区最符合上述技术标准要求，而且基建投资最省。据测算，同样标准的铁路干线每公里的造价，平原地区只有山区的 1/3~1/5。我国近年建设的宜万铁路全长 377 公里，因位于地形崎岖的山区，绝大部分线段要开挖隧道、架设桥梁，总投资 225.7 亿元，每公里造价高达 6000 万元，有的地段每公里造价甚至超过 1 亿元（见图 38）。所以，铁路选线时，必须在综合研究铁路拟建地区的经济、人口与自然条件、自然资源的基础上，科学地选择线路的主要走向，以解决线路的经由问题，使所建铁路运营条件好、投资经济合理。在充分考虑经济发展需要与可能这一重要因素的前提下，必须深入分析研究自然条件，尤其是地形这个主导因素。例如，在平原地区，应尽量取直路线，以减少里程总长，降低造价和运费，但需绕过湖泊、沼泽、村镇时，需要采取简单展线。在低山丘陵区，为克服地面起伏大，需采用展线或套线来避开较高地段，或者以土石方工程或隧道、桥梁来克服局部工程障碍，有条件时选取河谷线一般较有利，但要选择河谷的缓岸通过。在地势崎岖、峰峦重叠的山区，选线时限坡要小于或远远小于地面自然坡度，必须把展线和大量土石方工程结合起来;河谷线一般为山地区通过纵坡最小地区,对河谷过于弯曲和谷底宽度不足时则可建设隧道、桥梁来解决;在选择艰巨的越岭线时首先确定越岭垭口,然后采用展线、套线方法使其在垭口连接。另外,在丘陵地区特别在山地区,还应换算工程和运营费用最小的经济限坡和经济最小曲线半径。现在,我国铁路和高速公路大部分集中于平原地带,除了社会经济原因外,平原地区工程量较小,造价较便宜,也为主要原因之一。

图 38　造价高昂的宜万铁路

资料来源:http://info.service.hc360.com,http://image.baidu.com.

　　修建陆上交通线路,必然遇到各种各样的地质条件。在变质岩、石灰岩喀斯特地貌分布区、黄土分布区以及地壳活跃和岩浆、地震频繁地区修筑铁路、公路,必须采取防护措施,以防止滑坡、塌方、岩崩等危害;在不适宜修建铁路、公路的地质病害区,可能因线路绕行影响线路的顺直,增加工程投资。

　　水文对交通运输布局的影响,主要表现在三个方面:首先,天然河道、优良港湾条件是发展水运的基础。在径流量大、河网稠密的地区,内河通航里程一般较长。资源贫乏的临海国家,工业多布局于沿海,主要是为了利用其有利的海运条件;其次,河湖的水位、流量、流速及其变化,河道曲率半径和分布状况,洋流的流向，直接影响水运的速度、运量、运费；最后，跨河建筑物的设计标准要根据水文情况设计施工。如处理不当，或设计标准过高造成浪费，或麻痹大意，标准过低，留下隐患，日后将造成灾害性事故。一般来讲，陆地交通线尤其是铁路路面，应高于该地有害水位。为节省工程投资，陆上交通线应尽量少穿越河流，少建桥涵。

气候条件也是影响交通运输的重要条件。降雨量直接影响内河航运。雨量太少，河川流量小，浮力小，不利通航。但洪水过猛，逆水行舟所受阻力大，同样不利通航。暴雨可能冲毁陆上交通线，中断交通，甚至造成恶性交通事故。台风、风暴、浓雾，直接威胁海运和空运。特大台风、浓雾有时也影响铁路列车、公路汽车的正常运行。气温影响交通运输有两个方面：一是气温偏低会使中高纬度通航河道出现冰冻期，在严寒季节常因航道封冻而中止通航，如黑龙江流域，冬季河流结冰期达 7 个月，全年通航期只有 5 个月。某些中高纬的海港冬季被迫暂停，影响港口生产的连续性；二是温度过低会使某些运输工具的动力丧失。在高寒地区、高山区，由于冻土的存在，以及道路泥石路面的冰冻，会造成修筑铁路、公路的困难，或引起路面翻浆，阻碍车辆通行。暴风雨的侵袭，往往造成积雪封山、封路，严重阻碍车辆通行。而新疆、西藏大气纯洁干净，万里无云，能见度很好是保证航空运输极好的条件。

综上分析表明，地理环境对交通运输的影响主要表现在两个方面：一是不同的自然条件影响着运输方式的选择，在有水运资源（江、河、湖、海）的地区，要考虑有无可能使用水运，在需要跨越大山、大川、沙漠和沼泽地时，就出现了是使用铁路、公路还是航空的几种可能性；另一方面，由于不同的自然地理条件，对运输线路采取不同的空间布局方案，对投资和运费有不同的影响，因此，它又影响着运输在固定的两点经由不同的空间位置。

八、一步金来一步银——商贸与地理环境

地理环境包括区位条件是商业活动的物质基础与自然前提，它直接影响到商品的生产与消费，商品的流向、流量和流通范围，营销活动的开展及其商业经济效益，可谓"一步金来一步银"。

从历史上看，商业的起源与发展有着特定的地理背景，尤其是与特定的人地关系有关。例如，徽州独特的地理环境（群山环抱、盆地居中的地形结构，邻近太湖流域的地理位置）孕育了徽商文化，人多地少的地理环境导致的徽州物产的"结构性失调"是徽商文化形成的物质基础（见图39）。晋商的产生也是如此，在社会动荡、战争频仍的元朝末年，山西当时却比较平静，经济没有受到破坏且比较繁荣，人口密度较大，于是出现地狭人满、农田不足，由此促使人们脱离土地、外出经商以维持生计，加上山西是交通比较方便的地方，为晋商的产生与发展创造了条件。

为论述的方便起见，现就地形与地势、气候以及人文地理环境诸因素的具体影响分别论述如下：

1. 地形、地势与商贸活动

地形条件是影响商品特别是农产品生产分布的最普遍、最重要的自然因素之一。地形条件对于商品的生产、运输与销售均有明显的影响。如农副土特产品的生产、收购、经营，因地形条件不同而有很大差异。某些商品的销售（如自行车等）平原远大于山区。地形不同，消费需求也有很大不同，这就直接影响到商品的销售与推销活动。例如：小轮自行车骑着灵活、方便、轻巧，平原地区和

图 39　徽商故里

城市人多选择它。农村及丘陵地区的人多骑大轮自行车，则主要是地形及劳作需求所致。又如重庆是山城，自行车少用武之地，故摩托车得到大量生产与销售。如果到深山老林向猎人推销远洋捕鱼的拖网，到海边渔村向渔民推销猎枪，这样的推销恐怕难得觅到一个知音。地形条件还影响到商业网点的密度和商品的运输，如平原地区的商业网点远多于山区，平原地区的商品运输远较山区方便，故在资金周转上也存在明显差异。地势直接影响到商品的流向，如我国地势西高东低，主要河流都是自西向东流入大海，从而沟通了我国东部地区与西部地区的交通并形成商品的大量交换。自古以来，我国东西向的商品流通量一直很大。故有人分析说过，我国的"买东西"一词是地理环境孕育的产物，为什么不说"买南北"呢？这显然与我国的地势差异和大河的流向有一定关系。

2. 气候与商贸活动

气候条件深刻影响商品的生产与消费，尤其是对农产品和与生物有关的商品的生产、流通、消费影响十分明显。各地的气候条件不同，往往农产品的产量、质量均有很大不同。如茶叶质量与气候条件关系至大，常言道："云雾山中出好茶"（见图40）。又如干旱地区的小麦宜做面包，潮湿地区的小麦宜做面条。我国许多地方名牌特产和地理标志产品的生产，都有特定的地理环境条件的影响和制约（如贵州的茅台酒、青岛的啤酒、新疆的哈密瓜与葡萄干等）。同时，各地气候条件的差异对某些日用工业商品的生产与销售也有一定影响，如我国电风扇、电冰箱、丝织品的生产与销售主要是在南方，皮大衣、毛毯等保暖商品的生产与销售主要是在北方。度数较高的烈性白酒的生产与销售也主要是在北方。某些商品的设计、生产与销售一定要考虑地域气候的差别。例如，武汉洗衣机厂曾经针对我国南方和北方的气候差异，考虑到南方雨水多、湿度大，铁壳洗衣机容易生锈，而北方寒冷，塑料壳洗衣机容易冻裂，于是便同时生产两种材料外壳的洗衣机，分别销往南北各地，深受用户欢迎和好评。气候甚至还影响到某些名优工业品的使用性能和寿命，有些温度比较低的地方名优产品到了气温较高的地区就失去了自己的优势。例如，20世纪90年代，深圳特区一些人购置了俄罗斯生产的伏尔加牌小轿车用来跑出租，谁知这些来自北方的车到这里却"水土不服"，只能跑一阵儿、歇一会儿，让出租车司机叫苦不迭。相反，产自温暖地区的商品，到了气候寒冷的地方，也可能出现意想不到的麻烦。气候的季节变化，使得时令性商品的生产与销售具有明显的季节性（如草帽、凉鞋、棉衣等），因此商业工作者在组织商品供应时，应注意季节变化，适时上市，保证供应，满足消费。气候的季节规律性使得一些地区的农副产品的生产具有明显的季节性，从而影响到商业经济活动中的收购、调运和加工储存各个环节。此外，灾害性天气如暴雨、狂风、寒潮、梅雨等，可以严重影响着某些日用工业品的生产、销售与储存（如香烟、糕点之于梅雨，塑料薄膜之于寒潮等），并给商品的运输等带来严重困难，从而在一定程度上影响着商品流通的正常进行和人民生产、生活的正常消费。

图 40　云雾山中出好茶

3. 人文地理环境与商贸活动

人文环境对商贸活动的影响是多方面的，这里仅以交通和风俗习惯的影响来说明。

（1）交通。交通是否便利，直接影响着一个地区商贸活动和商业经济的水平。交通条件是商品流通尤其是物流的基本前提，商品流通中心一般也是交通枢纽，而交通不发达的地区往往也是商品流通的薄弱地区。交通发达的商品集散地，市场竞争比较激烈，社会购买力比较强而且比较集中。交通不发达的边远地区和山区等地，社会购买力比较弱且较分散，消费者的购买选择性较差，市场竞争相对也较弱。此外，不同的运输方式适宜运输不同的种类的货物，并在运费高低上有较大差别。因此，商业工作者必须考虑营销地区的交通状况以及商品的运输费用，善于选择合理的运输方式，科学地组织商品流通。

（2）风俗。风俗习惯这一人文地理因素对商贸活动的影响，主要表现在消费的地域差异和商品推销等方面。有人曾经说过，一个优秀的推销人员至少应是"半个地理学家"，他必须具有较广博的地理知识，熟知推销地区的地理环境，特别与消费需求密切相关的风俗习惯等人文地理环境。如果他的地理知识贫乏，不了解推销地区的风俗习惯及消费需要，就必然因货不对路而滞销。春秋战国时期，著名法家韩非子写过《鲁人贩屦缟》的寓言：鲁国有位善于编屦（古时用麻制成的鞋）的能工巧匠，他的妻子又很会织缟（古时候的一种白色绢）。两口子的生意非常兴隆。但是，他们并不满足，打算到越国去卖手艺。好心的邻居劝他们说："还是不要去越国吧，到了那里，你们就会由富变穷。"他们听了很不理解，便进一步打听缘由。邻人答道："你的麻鞋织得好，人们买它是为了穿，可是越国人向来光着脚走路，他们怎么会买呢？你的妻子的缟织得精细，人们买它是为了做帽子，不过越国人从来不戴帽子，他们也同样是不会买的。在鲁国，你们的屦缟买卖兴隆，但到了不需要它们的越国，买卖就会冷清，你们怎能不由富变穷？"这则寓言很有一番道理，它说明了推销工作与人文地理环境特别是与风土人情、文化习俗的关系非常密切。在市场经济发展的当今时代，各地商品交流日益增多，在这种情况下，类似"鲁人贩屦缟"的事情也时有所闻，如前些年南方某市去北京搞商品展销，在展销的商品中，有一种当地销路很好的蒸锅滞销不动，一个原因是锅中缺少一层蒸隔。南方人蒸米饭不需要它，而北方人蒸馒头却少不了它。由于不了解北方的生活习俗和消费需要，就贸然拿这种商品展销，当然就不会有好的效果。以上列举的古今两件事例说明，商品销售与某些人文地理环境有着密切的关系，进行商贸活动必须研究销售地区的人文地理环境和与之相适应的消费需求。

九、奇山秀水诱远人——旅游业与地理环境

　　旅游业是一项以旅游资源为基础，以旅游设施为条件，经营各种旅行游览业务，为旅游者提供综合服务的社会经济事业。旅游活动正日益成为现代人类生活的重要组成部分。旅游业目前已成为世界上的最大产业之一。发展旅游业的最根本基础是旅游资源，而旅游资源的状况特别是品位的高低则是由自然地理环境、人文地理环境的性状决定的，因此地理环境对旅游业的发展有着相当重要的影响。

　　地理环境对旅游业的影响，主要表现在它对旅游活动、旅游资源性状、旅游业的特性、旅游业的布局与效益以及旅游交通、旅游设施及旅行社经营方式几个方面的影响。

1. 地理环境对旅游活动的影响

　　旅游作为一种人类休闲性的空间地域活动，决定了其突出的异地性、空间流动性、地域差异性以及综合性等地理特征。

　　无论现代旅游的内涵和外延如何发展，从地理学的角度看，其本质都是人类生活一种休闲性、审美性或身心自由体验性的空间置换，都是以异地环境为基本对象。异地性、空间流动性这些地理属性是旅游活动区别于其他休闲活动最基本的特性。

　　地理环境是开展旅游活动最基本的场所和对象，地理环境是旅游活动的大舞台。地理环境的差异性是旅游活动产生的根本外在动因。地理环境的综合性和地域分异特征，使不同区域的地理环境之间既有相似之处，又存在明显差异，尤其体现在不同国家和地区、不同民族聚居地、不同气候和自然带、沿海和内陆、山区与平原、

都市与乡村、森林与牧场等各个区域的差异上，而成为旅游活动产生的根本的外在动因。一般而言，两地之间地理环境的差异性越大，旅游活动的外在驱动力就越强。没有地理环境的差异性就没有实质意义的旅游活动。

旅游活动的总体过程是以旅游客源地、旅游目的地和旅游通道所构成的旅游系统为支撑的。任何旅游活动的进行都必须与这一系统发生空间作用和必须要克服其中的地理障碍。也由此决定了现代旅游活动的三要素旅游者（旅游主体）、旅游资源（旅游客体）、旅游业（旅游介体——其主要功能在于克服旅游客源地与旅游目的地之间的地理障碍）的相互作用的关系及其与地理环境的紧密联系。而这三要素都存在明显的地理差异。

2. 地理环境对旅游资源性状的影响

旅游资源是指地理环境中能够吸引游客，并具备旅游与休闲功能和价值的自然、人文因素。按照其属性可以分为自然风景旅游资源和人文景观旅游资源两大类别。自然风景旅游资源中的地景、气景、水景、生景，人文景观旅游资源中的历史古迹、现代建筑、城乡风光、各种公园与游览设施、革命遗址与纪念地乃至民族风情等，无一不属于地理环境范畴。地理环境赋予旅游资源"美"（美丽）、"奇"（奇特）、"适"（舒适）等属性，对游人形成吸引力。旅游资源品位的高低，旅游地知名度及其对游客吸引力的大小，很大程度上是由地理环境决定的。

例如，中国三大阶梯交界处及海陆交界处是地势差异大、气候变幅大、植被类别丰富的地带，故形成了许多以自然风光为主体的风景区。具体如一、二阶梯交界处的青藏高原东南部边缘的世界级自然遗产九寨沟、黄龙寺，国家级风景区大理、腾冲等；二、三级阶梯交界处的风景名胜恒山、五台山、武当山、神农架、张家界、长江三峡（见图41）及黄果树瀑布、桂林山水等；海陆交界处的风景名胜白头山天池、蓬莱、崂山、普陀山、雁荡山、武夷山及台湾阿里山、日月潭、海南省的"天涯海角"等。

图41　张家界、长江三峡

地处谷仓或要塞的地方是国都的良好区位，中国六大古都的出现与兴盛，均留下了数量丰富、品位极高的人文旅游资源。除此以外，承德是农耕与游牧、山区与高原、汉族与少数民族、中原与西北及东北的交汇点，离京城又较近，从而成为清代又一政治中心，留下了避暑山庄、外八庙等世界级的历史文化遗产。曲阜处在鲁中南中低山丘陵区与鲁西平原（华北平原的一部分）的交界处，东为贫瘠的石灰岩山区，西为黄河经常泛滥的平原，历史上多湖泊、沼泽，而地处冲积扇上的曲阜却具有肥沃的土壤，充足的地表地下水，地势较平坦，气候又适宜，且为南北交通要道，具有儒家文化的孕育和产生的良好基础，从而诞生了集古代文化之大成的圣贤——孔夫子，因而留下了以"三孔"（孔庙、孔府、孔林）为代表的一批世界级、国家级文物旅游资源。

西南地区和西北地区远离中原，人烟稀少，故风景区多保持了原始状态，极少有人为干扰，如九寨沟、喀纳斯等就是典型例证。

我国东部地区深受汉民族文化的熏染，故绝大多数名山大川留下了丰富的人文景观，如五岳、四大佛教名山和众多的道教名山等，其中，五岳之首泰山的历史文化含量远远超过了自然美学含量。

3. 地理环境对旅游业特性的影响

旅游业具有地域性和季节性等突出特点，而这两个特点的形成，均与地理环境有一定关系。由于自然地理条件和人文地理条件存在地域差异，不同地区旅游资源的组合状况不同，从而形成各具特色的旅游区，使旅游业具有鲜明的地域性特点。由于各旅游区、点所处的地理纬度和海拔高度不同，旅游地的某些自然景观因时因地而有明显变化，这必然影响到旅游活动产生周期性变化，加之游客的旅游活动受休闲、假日的影响，从而使旅游业具有季节性的特点。因此，旅游业的发展要注意因地制宜和因时制宜，合理布局，科学安排。

4. 地理环境对旅游业布局与效益的影响

地理环境对旅游业布局与效益的影响，主要表现在旅游资源、地理位置及交通条件等因素的作用上。旅游资源是发展旅游业和旅游业布局的最重要的物质基础与首要前提，一个地区的地形、气候、水体、植被与动物等自然地理环境以及文物古迹、古今建筑、城乡风光等人文地理环境，直接决定着该地区有无发展旅游业的可能，由地理环境性状决定的旅游资源的数量与质量及其组合状况直接关系到一个地区旅游业的效益。例如：泰山、曲阜均为著名旅游胜地，单凭一地吸引力就很大，而且两地相距仅 74 公里，有高速公路和高速铁路相通，故来山东的旅游者往往两地一块游，其主要原因是两地资源性质不同，形成了综合叠加引力，致使两地旅游效益都"锦上添花"。曲阜、邹城相距 22 公里，交通也很方便，但邹城的"三孟"（孟府、孟庙、孟林）却极少有人光顾，尽管"三孟"规模、体量都不小，品位也很高（国家级文物保护单位）。其原因是"三孟"地处孔老夫子高大身影的背后，资源雷同于"三孔"（孔府、孔庙、孔林），近距离与之重复（见图42、图43）。故旅游资源在地域组合中的结构也是影响旅游业效益的一个不可忽视的因素。旅游景区、景点所处的地理位置对旅游业的发展与布局有着重要影响。就经济地理位置而言，位置适中、交通便利、经济发达之处的旅游资源可能优先开发利用，旅游者较多，经济效益较高；反之，位置偏僻、交通不便、经济落后之地的旅游资源可能开发利用较晚，旅游者较少，经济效益较低。

图 42　曲阜孔府

资料来源：http：//www.jiaodong.net.

此外，人文地理环境中的交通状况也直接影响到旅游业的发展与布局。这是因为，交通条件是旅游者（主体）与旅游资源（客

图 43　邹城孟府

资料来源：http：//www. dzwww. com.

体）联系的纽带与介体。旅游景区、景点与旅游设施之间，必须有良好的交通条件将它们联系起来，组成一个完整的旅游系统。交通条件的状况如何，直接影响到旅游资源的开发利用价值和旅游者的可达性以及旅游业的社会经济效益。

5. 地理环境对旅游交通工具的影响

旅游交通工具或旅游交通方式的选择，深受地理环境的制约。一般的山岳风景区人们是徒步登山旅游，但九曲萦绕的武夷山游客绝大多数是乘竹筏游览，很少人上山游览，而游览高大雄秀的峨眉山不少人要坐一段滑竿；长江三峡山水、漓江风光是江峰的结合，且游程较长，旅游就要借助游轮或游船；孔林面积 3000 多亩，围墙长达 14.5 华里，要想领略全部风光，则需乘坐与孔林氛围吻合的仿古马车。过高的山地，登山游览则要乘坐电缆车或索道。而这些不同的旅游交通方式，又与旅游业的经营效益密切相关。

6. 地理环境对旅游设施的影响

为了与旅游地的气氛、色调吻合，宾馆、饭店等旅游建筑设施的建设必须善于解读环境或地脉与文脉密码，与环境"对话"，与自然环境、人文环境协调，创造性运用旅游地蕴含的丰富地理信息和各种方法进行构景，将旅游建筑打造成具有一定审美观赏和遗存价值的建筑精品。

例如，齐康、赖聚奎、杨子仲设计的武夷山庄吸取了当地民居的造型语汇，创造了浓郁的乡土气息。建筑布局上充分利用山坡地势，自成天然之趣，返璞归真，清新隽逸。红瓦朱柱素壁，吊脚楼，竹席吊顶，竹木家具，还有庭院外那多情的野草和温柔的山泉，构成了一幅令人难以忘怀的田园诗画，与武夷山地理环境非常协调（见图 44）。

图 44　武夷山庄

戴念兹、傅秀蓉等设计的阙里宾舍，地处历史文化名城曲阜，与重点景区孔庙、孔府毗邻,为了与孔庙、孔府氛围相协调,设计者运用了传统形式,内外均仿古,青瓦坡顶,仿古家具朴实无华,风格古朴典雅。

高庆林等设计的新疆迎宾馆重复运用了尖拱、尖弧拱及半圆拱的构件与图形,这些伊斯兰教建筑符号体现了维吾尔族地方特色。一对空调冷却塔呈喇叭形塔身,造型美丽典雅。这一切有助于宾客深刻感受到中国西北边陲城市的奇异情调。

湄潭"天下第一壶"酒店位于素有"中国名茶之乡"之称的贵州遵义湄潭县,酒店坐落于天壶公园火焰山山顶,为钢筋混凝土结构,壶高 48.2 米,底座高 25.6 米,总高 73.8 米,壶身最大直径 24 米,体积 28360.23 立方米,总建筑面积 5000 平方米(见图45),在 2006 年获上海大世界基尼斯总部认证的"大世界基尼斯之最"称号,是目前最大的茶壶实物造型建筑。该酒店建筑新颖别致,很好地体现了湄潭的地脉与文脉。

图 45 湄潭"天下第一壶"酒店

7. 地理环境对旅行社经营方式的影响

地理环境对旅行社经营方式具有一定的影响。例如，上海的旅游资源大多比较一般，因是中国最大城市，出游者极多，故上海的旅行社多以组团出游业务为主。曲阜具有世界级历史文化遗产——"三孔"，但仅是一个县级市，来游者众多，出游者很少，故曲阜的旅行社多以地接服务为主。北京则旅游资源多，人口数量也多，故旅行社组团出游和接团服务量均较大。地处边陲地带的哈尔滨、广州、深圳等地的旅行社，近年来则多搞出境旅游业务。

旅游业与地理环境的关系，不仅体现在上述地理环境对旅游业的影响方面，还体现在旅游业对地理环境的影响上。旅游对地理环境的影响有积极与消极之分。从积极的影响上看，旅游业的发展可以促进旅游地区自然环境的保护与改善，促进历史遗迹、古建筑、纪念馆的保护与修复，并通过旅游者的"示范效应"，改善旅游地的文化环境，通过旅游收入改善旅游地的经济条件，从而提高一个地区的环境质量。从消极的影响来看，旅游活动可以导致对旅游地植物资源、动物资源的破坏，引起旅游地水体、大气的污染等，从而导致该地区自然地理环境质量的下降。同时，旅游活动还可以导致宗教、民俗文化的异化，旅游地的建筑"污染"、交通拥挤，"新殖民主义"的产生，人们社会道德水准的下降（如滋生色情、赌博、犯罪等社会病毒），从而引起旅游地的人文地理环境的异变甚至恶化，对旅游地的社会文化产生负面作用。总之，旅游对地理环境的影响具有双重性，我们应努力向积极影响方面引导，并努力抑制其消极影响。

文化篇

地理环境是人类社会发展的舞台，是地域文化生成的土壤。地域文化是人类与地理环境不断发生交互作用的产物，研究地域文化必须从孕育、滋养社会文化的地理环境入手，探明地域文化或民族文化产生与发展的自然前提。本篇从文化、宗教、科技、语言、文学、音乐、戏曲、书法、绘画、体育等方面，较全面、较系统地探讨了地域文化或民族文化与地理环境的关系，试图为文化生成、演变揭示一些地理规律。

一、自然的人化——文化与地理环境

关于地理环境与文化生成的关系，著名学者冯天瑜教授进行了卓有成效的研究，他认为，地理环境是文化创造的自然基础，如果把各民族、各国度有声有色的文化表现比喻为一幕接一幕的悲喜剧，那么，这些民族、国度所处的地理环境便是这些戏剧得以演出的舞台和背景。并认为地理环境不只是文化的消极衬托物，更重要的是，它是锻冶文化合金的重要元素。

我们在肯定地理环境对文化的重大影响力之后，重要的是需要探明地理环境究竟在怎样的意义上，经由哪些中介作用于文化的生成与发展，弄清地理环境对文化的作用机制。

人类创造的文化，不是地理环境单独的产物，而是自然环境因素与社会人文因素的复合体，人类文化的形成与发展是多重因素相互作用的结果，地理环境只是形成人类文化的复杂因果网络中的一个重要成分，它对文化风貌的形成，主要是通过提供生产方式的物质条件，间接地发挥作用。大家知道，社会生产方式是决定社会发展程度与文化发展水平的主要力量，其中生产力又居主导作用。而生产力的要素与地理环境存在着直接或间接、或深或浅的相互关系，尤其是劳动对象基本上是来源于地理环境本身。地理环境是人类从事生产须臾不可脱离的空间和物质—能量前提，是人类文明发展过程中不可缺少的经常的必要条件。正是在这一意义上，物质生产方式构成地理环境影响人类文化发展的中介。地理环境经由物质生产方式这一中介，给各民族、各国度文化类型的建造奠定了物质基础。因此，我们在人文地理或文化地理的研究中，对于地理环境的作用应给予恰如其分的估量与评价。

地理环境对民族文化主要有如下深刻影响:

1. 地理环境的整体属性影响一个国家或民族的传统文化风貌

这里, 不妨以中国为例说明。中国文化的气质是内向型的, 风格是和谐型的, 内核是伦理型的。这些传统文化风貌的形成, 均与我国地理环境的整体属性有密切关系。如由于我国的地理环境为高山、大漠和海洋所包围, 在古代显得相对封闭和孤立。但其内部腹地辽阔, 资源丰富, 因而在无求外助的情况下, 独立地创造了具有自己特色的农业文明 (见图 4-46)。这一切, 必然使中国文化的气质具有典型的内向型特征。如"中国者, 天下之中也"的地理观念, 内向开拓精神,"万里长城"之象征等, 从而与流动、开拓、掠夺、冒险的游牧与商业文化形成鲜明的对照。尽管中国的地理环境较为封闭, 然而其腹地十分辽阔、完整, 自然环境复杂多样, 资源丰富多彩, 有人把它形容为"外部封闭、内部活跃", 尤其是东部地区, 河网密布, 沃野千里, 季风定期带来丰沛的降水, 水热配合良好。春夏秋冬四季更替, 寒来暑往, 周而复始。平原上村落密集, 男耕女织, 江湖上白帆点点, 渔歌唱晚……生活在这种优美、和谐、自给自足的土地上的中国人自然不喜欢冲突, 更不喜欢侵略扩张与动乱。他们追求的是一个和谐的社会, 是一个理想的太平盛世, 从而就逐步形成了中国文化的和谐风格, 这可以从中国哲学中的"天人合一、知行合一、情景合一"等哲学观中见其一斑。由于内向型气质的文化, 使得中国人很少关心外部世界和来世, 而十分重视现世, 注重人生, 注重人际关系。这种和谐风格的文化, 又使得中国人在处理人与自然、人与人之间的关系时, 讲究和谐, 讲究统一, 讲究仁爱亲善, 讲究和睦礼让, 重视孝亲, 宗法意识浓厚。这种文化的内核属明显的伦理型。

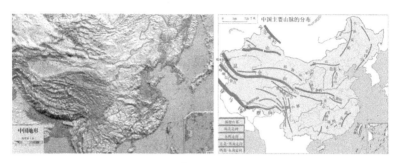

图 46 中国的地理环境

2. 地理环境的差异性影响文化的民族性（或地域特征）

不同的民族在不同的生活环境中逐渐形成各具风格的生产方式与生活方式，养育了各种文化类型。地理环境的差异性，自然产品的多样性，是人类社会分工的自然基础，它造成各地域、各民族物质生产方式的不同类型，进而影响到文化的民族性或地域特征。例如，有大河灌溉的亚热带、暖温带为农作物的生长提供了优裕的水热条件，故农业最早得到发展（如四大文明古国）；草原地带有着流动畜牧的广阔场所，成为游牧经济（文化）的温床；滨海地区拥有交通之便和渔盐之利，工商文明应运而兴。而上述不同的物质生产方式又是各种文化类型得以形成的基础，深刻影响到各民族的生活方式与行为方式。如著名学者冯天瑜教授研究认为，大河—农业文明的稳定持重，与江河灌溉造成两岸居民农耕生活的稳定性有关；草原—游牧文明的粗犷剽悍、惯于掠夺，与来自草原多变的恶劣气候提供的"射生饮血"的生活方式有关；海洋—工商文明的外向开拓精神，则与陆上资生环境的内不足和大海为海洋民族的流动生活提供纵横驰骋、扬帆异域的条件有关（见图47至图49）。

地理环境还在一定程度上影响到人们的心理素质与性格特征。

图 47　河流—农耕文明

图 48　草原—游牧文明

图 49　海洋—工商文明

人的心理，是人脑对于外界客观事物的反映。而地理环境则是重要
的外界的客观事物，它不能不深刻影响到人的心理品质。心理学家
研究认为，生活在平川的人比较机警，生活在草原的人比较剽悍，
住在海边的人比较坦荡，住在深山的人往往比较仁厚和狭隘，我国
南方人与北方人的性格特征差别较大（粗犷与细腻），城市与乡村
的人们心理行为状况有所不同，这均与生活所在地的地理环境影响
有一定关系。

3. 地理环境影响文化产品的特色

地理环境可以直接赋予某些文化产品以色彩，它对文化产品特
色的形成起着强烈的"渲染"作用。以民歌而言，高原山地的民
歌高亢嘹亮，草原牧区的民歌舒展奔放，平原水乡的民歌优雅秀
丽，藏族民歌、蒙古族民歌、江南小调分别洋溢着高山雪峰、辽阔

草原、水乡泽国的特有韵味。地理环境还影响到地方戏剧、文学作品、书法、绘画、园林、建筑等文化产品的地域风格以及某些人才的空间分布。其中有些内容我们将在后面有关章节中详细叙述。

地理环境对人类文化的作用是真实而多方面的，持续而深刻的，但这种作用不是直接和立竿见影的，在通常情况下，地理环境只是为文化的生成与发展提供了某种可能性，至于某种可能性以何种形态转变为现实性，则取决于人的选择。

二、天下名山僧占多——宗教与地理环境

宗教是人类社会的重要文化现象之一。虽然通过它不能正确认识自然力量和社会力量，但它仍然反映了一定的社会物质生活层面，是一定历史条件下人类意识的产物。宗教的形成、发展、分布以及习俗、教义，不仅与一定社会形态下的经济、政治及人类的认识能力有密切的关系，而且许多方面与地理环境也有一定联系。

1. 宗教的起源与地理环境

在原始社会，不仅生产力水平极其低下，人类的认识水平与智力水平也同样低下。在原始人类的眼中，自然物（如山、河等）都是有人格、有生命或有灵魂的，遂直接对其加以崇拜。由于人们生活的地理环境的差别，各地原始宗教崇拜的自然事物也不相同。居山者多崇拜山神、树神，如蒙古鄂温克族古人认为，一切野兽都是属于山神所有和饲养的。他们所以能够捕获到野兽，是由于山神的恩赐，因而非常崇拜山神。临水者多崇拜水神（如河神、海神等），如西非海岸的土著居民常请巫师献贡物品给海神以平怒潮。秘鲁渔场是世界四大著名渔场之一，因此，古秘鲁人则把大海当作供给食物的恩神而加以崇拜。

原始宗教进一步发展，一些民族和部落出现了图腾崇拜。图腾崇拜的自然物虽然广泛，但最普遍的还是以某些动植物作为崇拜对象。那些被作为图腾的动植物，往往是与部落居民的生存关系极为密切的，因而也反映了部落所赖以生存的地理环境的某些特征。

我国自古以农立国，人们对于地理环境中的土地、河流、气候

（尤其是降水）有很大的依赖性。因此，当古人还不能解释这些自然现象的时候，对于土地神、河神、天神一类的宗教崇拜尤为突出。在我国古代宗教崇拜的群神中，以土地神的崇拜最广、祭祀最盛。我国崇拜土地神的自然宗教，在夏禹时就以"社祀"的形式出现。以后随着社会的发展，对土地神的崇拜形成，祭神也日益复杂。

在宗教神话中，流传着神灵用泥土造人的故事。在我国传说是女娲用黄土造人，这有着深刻的地理背景。远古由于农业的出现，人们懂得了种子种在地里会生根、开花、结果、养育人类。因此，使人认为大地是人类的母亲，并由此联想到神通广大的泥土是构成人体的材料，思索泥土能否变成活人的问题，于是便借用神的力量来解释。女娲抟土造人说是中国的神话，中国人是黄种人，中华民族的摇篮——黄河流域的土是黄土，故在塑造这个造人的形象时，就说是用黄土造人。

2. 宗教文化源地与地理环境

众所周知，世界上的主要宗教几乎都起源于西亚和南亚。为何源地如此集中，我们认为这主要与地理环境的影响有关。

西亚和南亚大体位于北纬 10° 至北纬 40° 之间，纬度较低，属于沙漠气候和季风气候区，一年中大多数时间空气中水分少，大气较洁净，能见度好。因而这里是观察天象较理想的地区。夜晚，天气凉爽（因温差大所致），摆脱了白日酷热烦恼的人们心灵得以安宁，抬头仰望苍穹，浩瀚的星空、皎洁的月光及其有秩序的运行和重复出现，使人心花怒放、浮想联翩，幻想有一个天堂在星空之间，一个神灵的巨手控制着这个运行系统。费尔巴哈曾说过："人只有靠眼睛才能升到天上，因此理论是从注视天空开始的……天空使人想起自己的使命。"这也就是说，天空是容易使人产生幻想的对象（美丽的天堂）。世界上的主要宗教无一例外的都有自己幻想的"天堂"。

西亚和南亚大多数地区自然环境比较恶劣。无垠的沙漠，烈日当空，干旱缺水，景观荒凉而单调。南亚季风区，热季时，气温很高，酷暑难熬；雨季时，也往往因季风的早晚强弱造成自然灾害。这种严酷的自然环境往往促使人们产生幻想，寻求精神寄托。

著名的阿拉伯文化研究专家艾哈迈德·爱敏在他的《阿拉伯—伊斯兰文化史》中指出："游牧人所处地区不少在沙漠地方。面对大自然，目无所障。烈日当空则脑髓如焚，明月悠悠，则心花怒放；星光灿烂，则心旷神怡；狂飙突来，则当所立摧。人们在这样强烈的、美丽的、残酷的大自然下生活，心性未有不感恩于仁慈的造物、化育的主宰的……这也就可以解释伊斯兰教产生于阿拉伯的沙漠。"这种解释虽有些失之片面，但也说明了宗教的产生是有其一定地理背景的。

3. 宗教的分布与地理环境

伊斯兰教主要分布在干旱、沙漠地区。佛教产生在南亚，主要分布在东南亚和东亚。而两者恰恰都在季风气候区，印度教也是如此。这种分布规律是一种历史的巧合，还是另有其他原因？我们认为，这与地理环境的相同或相似有相当大的关系。

同样的自然环境，往往使人具有同样的生活习俗、相同的行为模式、心理结构和思维方式，从而产生一样的向往、愿望、追求和信仰。

气候炎热干燥、景观荒凉而单调的地区，人们特别渴望那绿树成荫、泉水叮咚、凉风习习、鲜花盛开的自然环境，因而《古兰经》对天堂描绘的是："有水河，水质不腐，有乳河，乳味不变……有各种水果。""丰富的水果，时时不绝，可以随便摘食"，

"睡在床上，不觉炎热也不觉寒冷"，"乐园的荫影覆盖着他们"。显然，这天堂美景是沙漠地区的人特别向往的，故产生于西亚沙漠地区的伊斯兰教便很容易地占据了邻近的北非、中亚及我国新疆、甘肃、宁夏等干旱、沙漠地区的人们的心灵。

南亚绝大部分地区是热带季风气候，分凉、热、雨三个季节，冬夏季风，农作物和树木有明显的季相变化："生"—"死"—"生"—"死"……循环往复，给予长期生活在这里的人们以启示，从而产生了"生死轮回"的观念。冬半年，凉爽干燥，夏半年炎热多雨，凉季过后热季到来，天气炎热了就要下雨（雨季），下雨多了则又要凉爽（凉季）；今年东北季风强盛，那么西南季风来年也绝不会示弱。这种互相对立交替的自然现象使人们产生了"因果报应"的观念。印度教首先把这些大自然的启示人格化，创造了"人生有轮回，善恶有因果"之说。后来，佛教借鉴这些内容，将其写进了自己的教义，并运用这些观念轻而易举地控制了东南亚和东亚季风气候区的民众。

如果说伊斯兰教、佛教、印度教的分布规律完全由干旱、沙漠气候或季风气候造成的，这似乎有些绝对，或许有些地理环境决定论的味道。但是，它们的某些教义受气候条件的启示和影响作用，却是毫无疑义的。地域环境促使同类气候区域的人们乐意接受某种宗教思想，也是一个普遍的事实。

地理环境不但影响着宗教的宏观分布，同时也影响着宗族的微观分布。"天下名山僧占多"就是典型的证据。佛教追求"自我解脱""自我净化"，他们总是希望到远离尘世、僻静幽美的地方建立栖身的寺院，以便摆脱世俗杂念，专心修行，以获佛果。因此，一些风景名山的幽静之处便成了佛教的圣地，如我国四大佛教名山峨眉山、九华山、五台山、普陀山（见图50）。道教也是如此，他们为了追求长生、升仙，故借优美的山林石洞建立栖身的宫观，并誉为"洞天福地"。道教认为高耸的山巅与天接近,是通往天堂和神仙世界的捷径,最有利于升仙,因此道观大多建在名山的山巅。即使是建在沙漠地区的清真寺也多傍水临河,环境相对较美。而我国的龙王庙、八腊庙集中分布在黄河中下游地区的河北、河南、山东三省,天后宫集中分布于东南沿海地区,这显然与地理环境也有密切关系。

图 50　中国四大佛教名山——峨眉山、九华山、五台山、普陀山
　资料来源:http://www.nipic.com.

4. 宗教的习俗、教义、节日与地理环境

宗教既然是一种信仰,因而它必然会产生出许多的习俗和教义。其中,不少和地理环境有着一定的联系。

伊斯兰教的主要经典为《古兰经》,有许多清规戒律。其中有不吃不洁之物、不吃自死的禽兽牲畜和血液等条文。其实,这与当

地的气候有关。西亚地区天气炎热，食物容易腐烂变质，成为不洁之物，死物则更甚。生活在这里的人们需要特别注意饮食卫生，或许历史上有过类似的教训，于是，《古兰经》才规定了这些戒律。

宗教节日有些也和地理环境有关，反映了该区域的季节变化。犹太教的新年定在秋天，这是因为此时正是地中海地区一年的夏季干旱结束之后，随着秋雨的来临而开始了新的农业生产活动，而新年定于旱、雨两个季节之间，标志着旧的一年的结束和新的一年的到来。基督教规定的传说中的耶稣诞生日和复活的节日——圣诞节和复活节，大体在冬春交替之际，复活节（Easter）一词亦是从日耳曼语"春之神"（Ostan）演变而来。因此，这两个节日时间的规定，不能说与地理环境没有一定关系。

5. 宗教的某些特性与地理环境

宗教源地与分布地区的地理环境特性对于宗教的某些特性有一定的影响作用。有学者研究认为，印度炎热的气候，造就了消极、软弱、逃避现实的佛教、印度教或"炎土文化"。天气炎热大大降低了人的活动能力，佛教、印度教都主张清静无为的生活方式。孟德斯鸠曾用印度炎热的气候来解释佛教教义的产生，他曾经说过，印度"过度炎热使人萎靡疲惫，静止是那样的愉快，运动是那样的痛苦"，所以便自然地产生了佛教教义，诸如相信"静止和虚无是万物的基础，是万物的终结"，认为"完全的无为就是最完善的境界"和欲望的目的，等等。笔者认为其解释也是有一定道理的。

三、天工开物育科技——科技与地理环境

地理环境对科学技术的发展具有重大的影响，不仅古代如此，现代亦然。因此，地理环境与科学技术的关系应成为科学技术史与科技哲学的重要研究内容。遗憾的是，科学技术与地理环境的关系在学术界研究很少，成果也比较零星，在科学研究领域还基本是一片有待垦殖的处女地。下面我们仅就地理环境与科技文化的起源、科技文化的发展形态、科技文化发展水平、某些科研基地的布局、科技创新等问题进行一些探讨。

1. 科技文化的起源与地理环境

科学技术起源于人类对自然环境的认识与利用。我国明末科学家宋应星（1587—1666 年）著有《天工开物》一书，认为"开物"就是指加工空间的各种资源以求生存发展，科技是人类与自然协同作用的结果。"天工"即天然形成的工巧。所谓"天工开物"，这也就是说，只有在人与地理环境相配合的情况下，才能孕育科技成果。地理环境为科学研究、技术发明提供素材，为科学技术的应用提供场所；地理环境的演变，促使人的思维机制不断趋于活跃和完善，不断丰富着人们的认识。从某种意义上讲，许多科学体系思想不过是在特定条件下对地理环境的正确反映。如果没有地理环境的变化和特定的地理条件，就没有某些相应的科学技术的出现。

例如，埃及是世界上科学文化发展最早的国家之一，这与尼罗河的惠及有关，古埃及人在与尼罗河的洪水斗争中，长期观察尼罗

河泛滥与星象之间的规律，于是创立了天文学。古埃及人在测量被洪水淹没过的土地过程中，创造了数学中的几何学；在兴修水利和灌溉农田中，又孕育了水利学和建筑学；由于农业生产对土地、气候等有效利用的需要，发明了历法。美国著名地理学家森普尔（E. C. Semple，1863—1932）也曾经说过："古埃及的数学、天文学、水力学的发展和来自地中海的季风气候及尼罗河的泛滥是紧密联系在一起的。"如果没有尼罗河这一地理条件，也许古埃及社会当时就不会创造出上述科学文化。至于古埃及社会创造出举世闻名的金字塔、古城堡及圆柱形庙宇等建筑文化，固然是通过社会权力、组织等中间变量实现的，但是如果没有尼罗河的优越地理条件，这些中间变量及其科技文化产物也许在当时根本都不可能产生。

又如古希腊是西方科学文化的源地，大科学家、大学者一度层出不穷、灿若群星（如柏拉图、亚里士多德、苏格拉底、毕达哥拉斯、欧几里得等）。法国著名的文艺理论家和史学家丹纳（1828—1893 年）曾经分析说："希腊境内没有一样亘大可怖的东西，没有比例不对称、压倒一切的体积……眼睛在这儿能毫不费力地捕捉事物的外形，留下一个明确的印象……因此，希腊人的自然观是：范围确定、有限，轮廓鲜明，一点儿也不含糊，不滞重……世界是可知的。这一切都激发着理性力量的生成。"英国著名的实证主义史家巴克尔（1821—1861 年）也曾指出："当自然形态较小而变化较多（如希腊）时，就使人早期发展了理智。"此外，希腊国土狭小，土地贫瘠，人们为求生存与发展，挣脱了土地的束缚，或入山探物，或泛舟入海，因此开阔了眼界，并发现了许多鲜为人知的神秘事物，产生了对大自然的深思与探索。著名的古希腊哲学家亚里士多德（公元前 384—前 322 年）对学术的起源解释说："古今以来人们开始哲理探索，都是起源于对自然万物的惊异。"

这些或许是希腊在古代科技文化早熟的地理原因之一。

2. 科技文化的发展形态与地理环境

俗话说："靠山吃山，靠水吃水"。这种"吃山""吃水"，必然导致不同科技文化发展形态的出现。俄国哲学家、思想家普列汉诺夫（1856—1918年）曾指出："行船的技术确乎不是在草原上发生的。""一个没有金属的地方的居民，就不能发明优于石器的工具。"在古代，埃及、中国、印度、巴比伦等利用土地肥沃、大河灌溉等有利的农耕地理环境，创造了举世瞩目的农业文明和与之相关的天文学、数学、水文学等科技文化。而古希腊则利用临海的地理环境，创造和发展了有别于东方农业文明的古代商业文明和航海科学技术。有人还研究认为，德国农业化学的发展与该国土壤贫瘠的地理环境有关。

饶有兴味的是，我国现代地学家以北方为众，而数学家则以南方居多。这也就是在某种意义上说，地质科学以北方较发达，数学以南方较发达，形成这种格局的原因是多方面的，仔细分析，这里面有着一定的地理原因。文化地理学者王会昌教授曾经研究认为，"我国北方山河雄伟，气势磅礴，植被稀疏，许多崇山大岭、悬崖峭壁，几乎是敞开胸怀，以其真实、自然和清晰的面貌呈现在人们面前，易引起人们的观察思索和探索自然奥秘的欲望。而且北方煤、铁矿、石油等资源丰富，以这些资源开发利用为主的近代大工业首先是在北方兴起，这便促使以矿产资源研究开发的地质学的勃兴。"同时，研究地质学需要具备跋山涉水、风餐露宿、不辞辛劳的顽强拼搏精神，在这一方面，北方人的粗壮强悍、敦厚豁达的气质比南国秀民更胜一筹。而我国南方山川秀丽、环境优美，给人以恬适、静雅之感，因此宜于静安沉思而推究事理，故数理之学颇为发达，数学家层出不穷。

由上述可见，地理环境在很大程度上影响或制约着科技文化发展形态及其进化速度、方向与途径。

3. 科技文化发展水平与地理环境

地理位置对科技文化的产生、发展水平有很大影响。从目前的考古发现来看，在四大文明古国中，以古埃及的科技文化水平为最高，亚历山大城自公元前 332 年以后在相当一段时间内是世界上最大的科技文化中心，这主要是由于埃及有着适宜科技文化产生与发展的"土壤"。这一"土壤"除前面谈到的富饶的尼罗河流域这一地理条件外，那就是优越的地理位置。仓孝和先生在《自然科学史简编》一书中曾指出："埃及的优越的地理位置，使它远离亚历山大的将领们互相争夺的战乱中心——西亚和小亚细亚避免于战争的破坏，几百年来的和平环境有利于科学的发展。"

古希腊的科学文化成就在世界古代史上占有重要地位。古希腊人曾一度把科技文化推到世界的高峰，这与其独特的地理位置和自然环境有关。古希腊在地理位置上距两河流域和尼罗河流域不远，在科技文化的传播扩散中，有利于吸收巴比伦、古埃及的优秀文化。而且古希腊地处亚、欧、非三洲交界的地中海，加之半岛海岸线绵延曲折，海水相对平静，航海条件优越，对外交往便利，故有利于文化的交流和科技的发展。同时，临海的地理位置，也影响到人们的思维品质和思想心态，临海的希腊人，由于经常扬帆异域，接触较多不同类型的文化，思想一般比较开放活跃。而且，扬帆异域的海上生活，富有风险，须经常与自然抗争。因此，在这种环境中长期生活，也易使人产生对自然的深沉思考与积极探索，激励人们奋发向上，培养征服困难的竞争意识和进取精神，去积极发展科技文化。

就当今世界来看，科技较发达的国家或地区，大多也是地理位置优越、信息交流便捷的国家与地区，而位置偏僻、环境闭塞的国家或地区，科技水平一般较落后。我国东部沿海地区的科技水平远高于西部内陆地区，主要原因之一也在于地理位置优劣的差异。

4. 科技创新与地理环境

朱亚宗教授在《地理环境如何影响科技创新——科技地理史与科技地理学核心问题试探》一文中，尝试提出地理环境影响科技创新的四种基本方式，并运用史论结合的方法，深入阐述了地理环境如何通过恩赐、挑战、地缘、远因等四种方式，对人类科技创新产生深刻的影响。他研究认为，地理环境影响科技创新的基本方式是：

（1）恩赐：地理环境—恩赐—科技创新。地理环境对于科技创新的影响主要表现为提供直接的经验启示。地理环境有着巨大的多样性和复杂的差异性，特定的地理环境会发出独特的外部信息，然而这些信息能否成为科技创新的经验启示，还要看科技工作者能否有敏锐的眼光。例如，发现中国有第四纪冰川遗迹，是地质学的重大成果，也是李四光一生的主要科学创新之一。而这一科学创新成功的客观基础，是中国太行山东麓、大同盆地和庐山等地貌直接提供了第四纪冰川存在的信息，李四光敏锐地抓住并深刻理解了它。地理环境不仅通过经验启示促进科技创新，有时还可通过提供重要的研究材料而使科学研究的关键问题迎刃而解。又如，袁隆平杂交水稻发明的关键之一，即是在中国南方野生水稻丛中发现了一株花粉败育的野生稻，从而研究培育成了一批"野败"型不育系。再如，中国古代学者与古希腊学者在地球科学认识水平产生巨大反差（"天圆地方"与"地球是圆形"），与大陆与海洋不同地理环境的差异有关（在地球科学观察上，海洋景观易于通向"地球"，大陆景观易于通向"地方"）。

（2）挑战：地理环境—挑战—科技创新。地理环境的压力或挑战，既是文明创造的动力，也是科技创新的动力。科技史研究表明，人类有许多重大的科技创新是在恶劣的地理环境的逼迫下形成的。例如，大禹治水，都江堰（见图51、图52）、三峡水枢纽等水利工程的修建。中国黄河、长江的水患的挑战使中国古代治水的技术创新层出不穷，其中许多创新（如"束水攻沙"等治水技术）遥遥领先于世界。又如，在年人均水量为300立方米的严重缺水环境的挑战下，以色列科技人员创造了先进的滴灌节水技术等。

图51　大禹治水

（3）地缘：地理环境—地缘—科技创新。由于地理位置等形成地缘关系是决定科技交流的难易的重要因素，这在古代更为明显。例如，在2000多年以前的人类社会交往条件和文明分布格局下，古希腊位于东半球大陆中心附近，地处亚、欧、非三洲交通要冲，确实具有汇集人类早期文明与科技成果的得天独厚的地理条

图 52 都江堰水利工程

件，从而促进了科技创新发展的领先。

（4）远因：地理环境—社会—科技创新。社会经济制度的形成与特定的地理环境有一定关系。中国高度中央集权制的形成，就与季风气候下的多水患灾害（治水需要）和农牧业地理分界线恰在古代中国北部边境附近（防御需要）等地理环境的影响有关。特定的地理环境促成了中国特色的高度中央集权制，这种社会经济制度，必定对中国的科技发展产生深刻影响。如中国古代的造纸技术、炼铁技术、造船技术的领先，无不得益于皇权的支持。但是高度中央集权制也常常压抑需要个体兴趣和自由创造的纯粹科学研究。此外，还有大量类似的地理环境作为远因的科技创新之谜，等待人们去揭示。

5. 某些科研基地的布局和某些学科学者的分布与地理环境

现代许多科技基地的布局有着严格的地域性。如航天工业科研基地的分布，考虑到卫星等航天器的发射要求，应选择在纬度较低、晴天多、云量少的地区，且最好是远离边境的内地；海洋研究基地多布局在临海地区，至于我国华北平原盐渍土的研究，黄土高原水土流失的研究，西南地区的泥石流的研究，东北平原的沼泽研究，长江中下游平原的湖泊研究，东南沿海对外开放区经济模式的研究，其研究机构的设置都是以其特殊的环境为基础，布局在特定地域的，这也是许多地理研究所和高等院校在科研上各有地域特色与优势的原因之一。

地理环境与某些学科的学者分布也有关系。仅以历史地理研究和人文地理研究为例，如北京大学教授、中科院院士侯仁之之于北京历史地理研究，西北大学、陕西师范大学教授史念海之于黄土高原、黄河流域和西安的历史地理研究，中山大学教授司徒尚纪之于广东岭南地区的历史地理与人文地理研究，武汉大学教授石泉之于荆楚历史地理研究，西南大学教授蓝勇之于西南地区与三峡区域历史地理研究，三峡大学、武汉科技大学教授曹诗图之于三峡地区的人文地理与三峡文化、三峡旅游研究等。这些学者，都拥有一片他们所钟情和执著的研究地域。

弄清科学技术与地理环境的关系，有利于各国各地区因地制宜地发展科技事业和合理选建科技基地，发挥地域优势，有效促进科技文化事业的发展。

四、一方人操一方语——语言与地理环境

　　语言是社会的产物，是在特定地理环境、历史条件和社会现实中形成的。一个民族的共同语言基本保持一定的共同性，即他们的语音、词汇、语法上有一定的共同性，但由于地理环境的不同必然由原来的基础语分化成各种不同的方言。可谓"一方人操一方语言"。各种语言所处的环境必然会在语言上留下印痕。语言地理学的研究告诉我们，在同一种语言的内部，选择少数带有关键性的或代表性的语音、词汇为指标，可以在地图上就变化的地方绘出许多"等语线"。语言分界线的分布，常常是沿着大的自然障碍如山脉、沙漠、森林、湖沼、河流延伸。交通不便的山区语言要比平原复杂。在同一个区域，一般距离越近方言差别越小，反之差别越大。总之，语言的分布与变化与地理环境关系十分密切。下面我们具体分析语言现象与地理环境的密切而微妙的关系。

1. 语言区域分布及地理成因分析

　　语言区是根据语言上的差异而划分的空间分布范围。世界上语言有 5000 多种。这些语言在地域上都有一定的分布区。

　　印欧语言区：这是世界上最大的语言区，其诸语言主要分布在亚洲的印度、欧洲和美洲。

　　汉藏语言区：其语言主要分布在亚洲东南部，西起克什米尔、东至中国东部边界以及周围邻近区域。

　　非洲语言区：在非洲仅有记载的语种近百种，方言达数千种。其中约 40% 的语种使用人数超过百万。

闪-含语言区：其空间分布主要是从北非摩洛哥到西南亚的阿拉伯半岛。

除上述语言区外，还有其他一些语言区域或语言集团。如美洲印第安语言区，太平洋岛巴布亚语言区，澳大利亚土著人语言区等。

一般来讲，语言分布大多是相连成片、呈块状组合的。但是，有时也会出现与主要分布区似断似连的岛状分布，形成"语言岛"。不论语言岛或是语言区都是客观存在的地理实体。其形成经历了漫长而持续不断的演变过程。在这一生成发展过程中有多种因素在交互作用着。其中，与地理环境密切相关的因素有两种：

（1）空间距离因素。人类刚诞生时，在地表的活动范围极其有限。早期的先民们过着树栖地息的生活，除了他们赖以生存的那片森林、草地和那条河流以外，再无法去探究外部世界。那些远离大陆的孤岛，被高山封闭的狭谷区，人烟稀少的荒漠区，广袤密集的原始森林，环境恶劣的高原区，决定了语言交流的微不足道。险恶的自然环境，遥远的空间距离是人类早期语言交际的巨大障碍。这时的语言分布多呈分散状态。这种呈离散型的点状语言分布还不能称其完整意义上的语言区，仅是早期的语言源地。语言区的形成是建立在各语言源地及其所影响的区域范围不断扩大基础之上，是空间距离和语言传播交叉作用的结果。其中，距离是决定因素，尤其在生产力水平低下的时代。距离意味着语言个性的产生发展，导致着语言的差异、不均质和非平衡性的产生。"距离"的存在，天然地分割了各个语言区，并使各语言区得以按照自身规律独立地发展，使其语言保持了区别于其他区域的鲜明特征，赋予区域以完整的语言个性。例如，13 世纪初蒙古帝国建立时，蒙古语曾是蒙古族统一使用的语言。后来，蒙古人连年远征分散在欧亚广大地区。由于地广人稀，距离遥远，交通困难，相互交往日趋减少。于是蒙古语的方言差别逐渐扩大，走上了各自独立发展的道路，分化成本部蒙古语、莫戈勒语、布里亚特语、东乡语、土族语和达斡尔语等。再如，美国英语与英国英语的区别在发音、拼法、用词等方面表现是十分明显的。地理上的分离就是造成这种差异的主要原因。两国间隔着辽阔的大西洋，这在历史上必然影响两国人民的往来和语言交流。地理衰减规律或空间相互影响的衰弱致使两国语言差异渐渐加大。此类现象在语言发展史上是很普遍的。西班牙语区和法语区之间有比利牛斯山相隔；意大利语和法语区间有阿尔卑斯山阻挡；撒丁语凭借着意大利的撒丁岛才得以生存下来。科依桑语，曾经是非洲分布很广的语言，现在分布范围大为缩小，退居到长拉哈里以及纳米比亚沿海纳米布沙漠地带。广阔的沙漠成为该语言残存并得以延续的地理条件。

（2）环境保护或隔离因素。环境对语言的保护或隔离作用是非常突出的。一种语言当受到强大的语言集团或者人为的压力时，当面临着被同化或被消灭、被取缔的危险时，如该语言能借助某些特殊的地理环境，避开敌对语言或势力的压力而保存下来，这种环境起着"保护伞"或"避难所"的作用。这种环境有的是崎岖的山地，有的是恶劣的气候，有的是空气稀薄的高原，有的是寸草不生的盐滩，有的是无法穿越的森林，有的是野兽出没的荒原，有的是"极地"或"死亡区"。高加索地区就是个突出的例子。那里东西临海，山岭纵横，地形崎岖，形成著名的语言隔离带。该地区有印欧语系、高加索语系、乌拉尔—阿尔泰语系等所含的 17 种语言。南非的布什曼语与霍屯督语凭借着干旱广阔大沙漠顽强地生存着；爱斯基摩语以北极的寒冷环境筑起了一道坚固的屏障；热带雨林为亚马逊河流域还保存着一些过着石器时代生活的人的语言提供了可靠的地理保护条件。

以上，我们简析了"险恶"环境对语言的保护。现在，我们不妨转换一下角度，看看"优越"环境对语言的保护作用。这是另一种意义上的保护。我们可以中国北方方言区的地理分布特征为例分析说明。北方方言是汉民族共同语的基础方言。从东北平原到云贵高原，从南京到河西走廊，如此辽阔地域，使用人口占全国总人口 70% 以上。这种情景在语言发展史上是罕见的。从地理条件来说，北方平原面积广大，少高山大河阻隔，平原广阔，大大有利于语言的扩散和融合，有力保护和促进了北方方言的一致性。

2. 语言生成的环境分析

语言的存在和消亡依赖于其使用者，同样也依赖于其所处的自然、人文环境。人类的一切创造行为都是以自然界为基础，以自然界为对象的。因此，人类的所有创造活动必然受到自然环境的制约。语言当然也不例外。

（1）环境和词汇。在语言内部各系统中，词汇对环境、社会的反应最为敏感。它接受环境影响最为直接和快速。

众所周知，俄罗斯地大物博，森林资源尤为丰富，其森林面积占世界森林面积的 1/6 左右，国土约有一半被茫茫的林海覆盖。得天独厚的自然条件把俄罗斯人民的生活紧紧地同树木、林海联系在一起。因此，俄语词中以森林、树木为题材的数量有许多。

一定民族所处的特定地理环境，如山川、物产、气候等在该民族语言的词汇中反映得最为集中和最有特色。例如，汉语成语"蜀犬吠日""粤犬吠雪""泾渭分明""南桔北枳"等和中华民族所处的地理环境相关。我国是世界上典型的季风气候国家，我国古人早就知道许多事物、现象来源于"风"（季风），故出现了下列词汇：风光、风景、风水、风俗、风尚、风情、风化、风蚀、风云、风调雨顺、伤风、风寒、风湿病……我国农村的农民去农田干活，有的地方称"下地"，有的地方称"下坡"，有的地方称"下洼"，有的地方称"上山"，有的地方称"上活"，这些方言词汇则是特定地形条件作用的产物。英国是个岛国，海岸线总长一万多公里，过去与外部世界联系主要靠航海。航海业的发展极大丰富了英语词汇。大量涉及海洋、船舶词语进入日常用语。此外，英国拥有较稠密的河网，水量丰富平稳，冬不结冰，且多与运河相通拥有众多优良港湾，具有优越的水运条件。因此，英语中有许多词语反映出英吉利民族所处的地理环境特色。例如：burn one's boats，like a stone dropped into the sea，not the only fish in the sea，bitter end，batten down the hatches，trim one's sails，know the ropes，等等。

著名心理语言学家 Benjamin Lec Whorf 曾举过关于 snow（雪）这个词语的例子：英吉利民族把各种状态的雪称之为 snow；而爱斯基摩人却把 snow 细分为 faling snow，snow on the ground，snow packed hard like ice，slushy snow，wind-driven snow，等等。这是为什么？爱斯基摩人之所以用不同专有名词修饰不同状态的雪，是因为爱斯基摩人住地纬度已进入北极圈，一年中，大部分时间是处于风雪弥漫、太阳在地平线上很低的特殊环境。他们靠捕鱼与海豹等动物为生。他们的周围世界，雪把地面上一切都掩埋起来。在风的吹扬下，地面的雪堆形态不断变化，眼前出现的是狂风卷起的雪花，一切都是动的。周围是无边无际雪原，分不清距离，看不出轮廓。生活在这种环境的爱斯基摩人，缺乏通常的参考点来确定自己所在的位置与决定前进的方向。这样，他们的行动只有依靠雪堆的外貌、飘动的雪粒、呼啸的狂风、空气中的盐味、冰上的裂纹来识别方向，作为行动的参考，以风的方向和气味（含盐度）以及脚下对雪与冰的感觉当向导。可以说，爱斯基摩人生活在没有天际的和靠听觉、嗅觉的环境中，培养出他们对各类风雪、各种地理情况的感知，对雪等有极细微的观察力和分辨力，因而相应地创造出许多相关词汇来表达这种感知，从而形成爱斯基摩人独特的雪文化和反映这种文化的独特语言表达方式。①

（2）环境和语音。语音是语言的物质外壳。一种语言的地域差异，总是通过这一"外壳"表现出来的。我们可以从以下几点来诠释这一问题。

首先，从汉语方言区的形成条件来看。地理环境是产生方言区的必要条件。例如，北方方言区，分布境域相当广阔。从地理条件分析，北方平原广阔，季风气候的一致，对语言的接触融合非常适宜，是北方方言一致性、通融性皆强的主要生成原因。而东南的闽方言区，丘陵广布，河道纵横，南岭、武夷山为天然屏障。复杂的地形，成为闽北、闽南和客家方言的语言过渡带。同时，某些地形还往往为方言区域的划分提供了天然界线。如广西南部的十万大山，自南朝以来就是一级或二级政区的分界线。在现代方言分布图上，也是粤语和西南官话的重要分界线。

其次，从地域文化的特征上看：一方水土养一方人，一方人操一方语言。因此，语音上的差异便进入了地域文化的氛围，构成了不同人文景观的重要地域特征。举例说来，如北方话声大气宏，语刚调爽；江浙话语细音柔，婉转流畅；粤方言节奏徐缓，古音绕口，尾音悠长；西北话高亢、激昂、抑扬顿挫、雄厚粗犷。究其缘由，确实与各地区的地理环境有关。北方平原广阔，一马平川，气候干燥，植被稀少；江南水乡河网纵横，丘陵密布，雨量充沛，气候湿润，山清水秀。地理环境的差异，造成人心理、生理上的差异，从而引起了音位变体。语音、声调以及表达感情方式自然不尽相同。

有人曾经做过一个比较，比较的是上海人、北京人、西北人、东北人，比较他们说话的发音方式，突然发现一个有趣的现象，就

---

① 王恩涌：《文化地理学导论》，高等教育出版社1991年版。

是这四个城市或地区的男人说话发音的部位都不一样，比如上海人，他们是用舌尖部发声，所以发出的声音比较细柔和省力，这很像上海人的性格——文静、节俭，还有人们常常认为的那种精打细算。而北京的男人说话大多鼻音很重，很有些傲慢和不屑一顾的语气，这也很符合北京人身处天子脚下的那种优越感，他们见多识广，傲睨一世。西北人则代表了典型的憨厚和诚恳的西部特点——他们用胸腔的共鸣来表达自己，通常每句话的前面都要加一个"啊"，或者在后面缀一个"嘛"字，"是嘛""对嘛"，等等。而东北人是用舌的根部发声，也就是说几乎用了所有的力气来说话，没有保留地无私奉献。所以在东北，走在大街上，不论是男人还是女人都是扯着嗓门说话的人。此外。东北语言还极具煽动性，那热辣辣的热乎劲儿，会让你不知不觉地被感染、被感动，你无法不相信一个东北人所说的（见图53）。所有这些，仔细分析都有着自然环境与人文环境双重作用的原因。

最后，从现实生活中人们对自己方言所持态度来看，也是同他所处的环境有着密切的关联的。英国社会语言学家 P. Truclgill 和 L. Milroy 等曾对此问题进行了一年多社会调查，证明不同阶层、不同性别、不同年龄、不同职业、不同住地人们对方言持的态度是极不相同的。调查报告指出，许多女性认为标准语音形式具有较高社会价值，而许多男性则认为地域性语音形式才是集团归属及男子气的体现，并认为语音形式是一个集团的象征，是地域特征的标志，是社会地位的表示。在我国也有类似现象。前些年，由于深圳、珠海这类沿海城市改革开放起步早，步伐快，经济腾飞，财力雄厚，物质生活已进入"小康"或"大康"水平阶段，人们思想解放，观念更新，生活方式丰富多彩，日新月异，这使得一些外地人无形之中产生了一种"模仿"的心理倾向，要"求同于人"，要设法在言谈举止上向"沿海人"靠近看齐。反映在语音上，他们常以

图 53 一方人操一方语言（东北话）

"广东腔"或者"港台话"为荣、为新，意在从发音上重新包装自己，抬高身份，显示派头和地位。

（3）环境和语法。环境对语法影响，相对而言，并不直接和明显。但语法作为思维的工具，在反映思维成果时，多少会折射出不同地理环境对不同民族产生的认知思维方式影响的景象。

语言地理学的研究表明，操印欧语的人们多生活在一个山呼海啸、气候多变的海洋型环境中，或无定地游牧迁徙在干燥广阔的草原上。人们更多领略了大自然暴戾无常、波诡云谲、变幻不定的一面。人们需要冷静、客观地认识自然，并与自然进行拼搏才能生存、发展，他们对大自然多采取"敌意"态度，人与自然的主客对立，从而导致了对个性、理性的强调与追求倾向。而生活在北温带广袤肥沃的大陆和水热配合良好的季风气候下的汉民族，享受大自然的恩赐，较少受到来自大自然的压力，敌视大自然的情绪较少。相反，他们对大自然多采取"亲和"态度。这种"天人和谐"的、优越的地理条件，丰富的物产以及自给自足的小农经济，在当时生产力水平较低的条件下，铸就了汉民族"天人合一"的朴素整体观，客观上塑造着人们依附于土地、闭关自守、满足于生存的精神面貌，促成了直觉的、悟性的辩证思维方式，注重从整体上、对立统一的关系中去求证认知对象的实质。两种不同地理环境塑造出的民族心态给印欧语和汉语各自带来了不同的语法特征。

英语是形态发达的语言，它有着繁复丰满的词法形式和形态构造标志。它可以通过词形变化来表示数、格、时、人称等各种语法概念。它构词灵活，层次清楚，逻辑严密，脉络分明。在词法方面以综合兼分析的方法来表示各种语法现象。英语词序有相对自由性。发达的词法范畴，使词语在句子中具有了自己相对独立的个性。语法形式丰富多样并具有以形胜意、以形统意的句法特征。而汉语崇尚意合，略于形势变化，以语序和虚词为主要语法手段。汉语句法结构因缺乏形式标志而歧义结构较多。从以上可以看出，英语所谓"屈折型"特征和汉语所谓的"孤立型"特征与各自所处地理环境和历史条件也是分不开的。

3. 语言接触中的环境背景分析

语言接触（language contact）是指不同民族语言际遇、相互影响和渗透。地理环境是导致语言接触的主要原因之一。同时，了解对方的地理环境背景，也是使通过语言接触达到交际成功的一个重要方面。

每一种民族语言都是在特定环境中形成的，具有特殊性。要准确理解一种语言就要熟悉其背后的特殊性，就要洞察本族语言与他民族语言间的"环境背景"。下面我们侧重讨论人们在操外语时因"环境背景"干扰而导致理解失误。稍举数例说明。

英语成语"One swallow doesn't make a summer"不能译成"单燕不报夏",而应译成"单燕不报春"。尽管 summer 为"夏天"之意。这里蕴含着"环境背景"方面的差异。大家知道,燕子是种候鸟,它适应 20℃ 左右的气候环境。我国多数地方春温 20℃ 左右,所以燕子春季返回。人们便以燕归作为春天的征兆。而位于典型温带海洋气候区的英国,年平均气温才 10℃ 左右,夏季平均气温 20℃ 左右,所以燕子并不因人为季节划分而改变自己生活习性。我国春温与英国夏温相当,所以产生了语言表达上差异。

英语词"highway"或"highbroad"也不能理解为"高路",它只是"公路"或"大路"之意。这个词是由 high 和 way 或 road 复合而成。这个结构正反映了英国温带海洋气候特点。英国常年由于雨日较多,蒸发微弱,地下易积雨水。过去农村小道泥泞难行。道路只有修得 high 出地面,才有利排水,便于行车,故成"highway"或"highbroad"一说。

英国人常用"Lovely weather, isn't it?"诸如此类谈论天气的话语和别人搭讪。这时,听话人不必认真讨论"天气",只需顺着敷衍"Yes, it's really a beautiful day"一类话就很得体。英国全岛多雨多雾,伦敦素有"雾都"之称。人们关心"天气","天气"成了英国人常论常新的话题。而中国人把"吃了吗?"作为招呼句式,是非实指性的套话、问候语。西方人对"Where are you going?""Have you eaten yet?""Have you had lunch?"之类,常理解为"询问",而不认为是种"问候"。而中国人为什么以"吃了吗?"作为问候语?源自特殊的农耕地理环境和"民以食为天"的观念,中国人口众多,人均耕地少,解决温饱是非常不易的事情。由此,关心他人吃饭问题,是悠悠万事,唯此为大。对他人关切,溢于言表。

19 世纪初叶的英国浪漫派大诗人雪莱曾写了一首著名的诗 Ode

to The West Wind (《西风颂》)。赞颂西风摧枯拉朽和促进新生。一百多年来，不少人是吟咏着这首诗而又重新抬起头来的。有人曾问：诗人为什么要把"西风"作为赞美对象呢？中国人就有"东风压倒西风"一说。其实，这也涉及一个环境背景问题，因英国在大气环流上正位于北纬 40~60° 的西风带，常年盛行西风。与此同理，像"How many winter days have I seen him, standing blue-nosed in the snow and east wind!"这类句子，其中 east wind 也不宜译为"东风"，而宜译为"北风"或"朔风"，或译为"西风"才好，因为地理环境不同，中国人心目中的东风是温暖的，只有西北风才是寒冷的。

除此之外，身势语或准语言也同样负载或蕴含着丰富的地理内涵。例如，身势语在日本交际中就占有相当地位，而中国用得较少。这同样受到地理环境制约。中国国土辽阔，山区广大，不少地方山大人稀，空间大，在这种地理环境下繁衍生息的中国人，养成了许多大陆人所特有交际习惯，喜用有声语言表达思想感情，且喜欢高声大嗓。难怪出国旅游时，外国人都有些嫌中国人讲话太吵闹。但在有限狭窄空间和嘈杂都市长期生活的日本人则不喜欢这么做，觉得有声语言过多、音量过大难免令人感到吵闹，而多用身势语，注意保持安静的环境。

五、一方风土生一方文学
——文学与地理环境

　　文学以具体的、生动感人的形象反映客观存在的自然现象和社会现象，是具有审美特性的语言艺术。各种文学作品都是在不同的"土壤"中生成的，它们的思想内容、艺术形式和风格流派无一不受一定区域的自然环境和人文环境的影响。其正如俄国著名哲学家普列汉诺夫（1856—1918年）所指出的：人类精神产物正如活的自然产物一样，只能由它们的环境来说明。法国著名文艺理论家和史学家丹纳（1828—1893年）认为，自然环境的优劣影响着种族的性格和文学艺术的发展，寒冷潮湿的气候、惊涛骇浪的海岸会使人忧郁过激，倾向于狂醉贪食，喜欢流血战斗。光明愉快的风景区则使人活泼热情，倾向于社会的事物，发展感情和气质方面的事业，如文学艺术等。他曾指出，影响文学创作与发展有环境、时代、种族三大要素，认为环绕人类的地理环境对人影响很大。在他看来，地理环境是通过对人的影响进而影响文学艺术的。

　　各种文学作品都是在不同的"土壤"中生成的，它们的思想内容、艺术形式和风格流派无一不受一定区域的自然环境和人文环境的影响。如《诗经》产生于黄河流域，句式规整，笔调细腻，朴实真诚，直抒胸臆，读来朗朗上口、韵味悠长，但缺少浪漫的想象。《楚辞》是长江流域的文化产物，句式参差错落，富于铺排夸饰，笔调浪漫，充满瑰丽、神奇的想象。北风南骚，风格迥异。歌剧、芭蕾舞兴起于阳光明媚、靠地中海的意大利，而不是产生于多冰雪的北欧,俄罗斯的文学艺术特别深沉,这都是地理环境对文学艺术影响的例证。千百年生活在一个特定的环境里,地理环境怎么会不影响一个民族的哲学、宗教、文化,一个民族的思维方法、行为方式与文化创造?

陶立新、董杰、安士伟曾在《文化地理学》一书中指出了地理环境对文学影响的机制:其一,文学主体皆是特定环境的产物,特定地理环境之中的自然、社会、文化诸变量现实地决定着主体文学创作的意向;其二,文学的意识结构、形象体系、语言形式等皆是在特定地理环境提供了现实素材的基础之上,由文学主体进行创造性建构的艺术结晶。

曹诗图、孙天胜、田维瑞在《中国文学的地理分析》一文中,从文学地理的角度阐明了中国文学的地区差异与地域特色,分析了文学与地理之间的多层次关系及环境作用机理,并对文学与地理结合的"环境文学""地域文学"发展前景进行了展望。作者指出,中国文学在地理分布上有着南北之分、东西之异、地域之别。地理环境对中国文学及其地域差异的影响主要表现在三个方面:即对文学作品创作内容和作者创作灵感的诱发的影响,对文学作品风格与地域特色差异的影响,对文学流派及其地域文学人才的形成以及文学中心分布的影响。认为地理环境作为生活条件塑造着作家的文化心理素质与审美情趣,间接影响文学作品风格是环境影响文学的主要机理。文学艺术与地理、环境、生态等科学结合,是未来文学发展的一种趋向。

正是在上述意义上,我们强调地理环境对文学创作的制约性与影响力。通过对地域文学间的特征与差异的比较,我们不难得出"一方水土养一方人,一方风土生一方文学"的结论。

具体来讲,地理环境对中国文学有如下几个方面的影响:

1. 地理环境对文学作品内容与创作灵感的影响

地理环境作为创作源泉之一对文学作品的内容和形式有一定影响。文学作品作为社会意识形态之一，是在一定区域、一定时代对某些自然存在和社会现实的反映。作家的文思不是凭空产生的，而是自然、社会的客观现实在头脑中的反映，是作家对周围自然环境和人文环境等某种形式的认识。如我国古代劳动人民，由于在日常的生产生活中对日月星辰、风云雷电等自然现象缺乏科学认识，于是在自然环境的客观作用下作出了种种想象，借以表达对自然现象的解释和征服自然的愿望，于是创造了"夸父追日""后羿射日""精卫填海"等神话传说。地理环境是文学艺术创造的源泉。大自然给画家以丰富协调的色彩的形象，给音乐家以优美的音韵和旋律，而给文学家更多的是丰富的创作素材和灵感。名人的许多杰作，往往不少是在地理环境（或大自然）的作用下孕育和创造出来的，特别是与作者游览名山大川有关，"行万里路，破万卷书"是自古以来的格言。司马迁不游，岂能写出《史记》？李白、杜甫不游，岂能写出千古传诵的诗文，成为一代诗圣诗仙？郦道元不游，岂能作《水经注》以传后世？徐霞客不游，岂能有那么多的珍贵的地理资料和文学游记流芳百世？还有谢灵运、孟浩然那些直接取材于自然环境的山水诗、田园诗，以及众多的以地理环境为描写对象的游记等，在中国文化史上举不胜举。地理环境（大自然）还能诱发人的灵感。如我国著名文学家谢冰心说她的许多作品是在大海的怀抱中孕育的；文豪郭沫若多次谈到家乡秀丽的风光从小陶冶了他的性情，每当他置身于壮丽山河的怀抱时，便文思如涌。他说他的许多优秀作品常产生于对胜景佳境的饱览之后。外国的许多文学家把定期去观赏大自然、进行观光旅游，列为工作守则之一，大概是因为地理环境（或大自然）会使他们的创作和研究得到一种意外的"诱发剂"的缘故吧，因此，我们说地理环境是文学艺术创作的源泉和"诱发剂"。

2. 地理环境对文学作品的风格的影响

地理环境对文学作品的风格有明显的影响，这使得文学具有明显的地域特色与差别。如我国近代著名学者刘师培指出，由于我国南北两方的地理环境不同，人们的性格与社会习俗也有区别，因此，文学特色也不相同："大抵北方之地，土厚水深，民生其际，多尚实际。南方之地，水势浩洋，民生其间，多尚虚无。民崇实际，故所著之文，不外记事、析理二端；民尚虚无，故所作之文或为言志抒情之体。"近代著名学者梁启超曾撰文指出，在文学上，"燕赵多慷慨悲歌之士，吴越多放诞纤丽之文；自古然矣。……长城饮马，河梁携手，北人之风概也；江南草长，洞庭始波，南人之情怀也。散文之长江大河一泻千里者，北人为优；骈文之镂云刻月善移我情者，南人为优"。唐代魏征也曾指出过，南方文学"宫商发越，贵于清绮"，北方文学"词义贞刚，重于气质"。如历史上的文学家北方人韩愈（河南人）与南方人欧阳修（江西人）的文风大不相类。对韩欧文风有着深究的学者张仁福曾在《中国南北文化的反差》一书中指出："具有浓郁北方文学风格的韩文呈现刚健、雄正、愤激、壮直、质朴、拙劲、迅急、疏括等特征，而具有鲜明南方文学风格的欧文则显露柔婉、飘逸、哀婉、委曲、轻丽、纤巧、纡徐、缜密等特色。""如果说，韩文如波涛汹涌的长江大河，欧文则如波光潋滟的陂塘；韩文如长风出谷，一往无前，欧文则如晓风残月，情意缠绵；韩文如连峰绝壑，气象森严，欧文则如幽林曲涧，赏心悦目；韩文如洪钟巨响，撼人心魄，欧文则如江南丝竹，悦耳动听……大体说来，韩文属于阳刚之美的范畴，欧文属于阴柔之美的范畴。"北人多推赏韩文，南人多崇尚欧文。这均与中国的南北地理环境的不同熏陶有关。当代文学研究专家樊星教授形象而简明地概括出我国文学的地域特色，认为北方文学是"刚"的文学，南方文学是"柔"的文学。蔡国相先生在《南北文化差异及其形成的地理因素》一文中较详细地分析了我国文学上的南北差异。如产生于黄河流域的《诗经》与发轫于南国楚地的《楚辞》风格迥异，前者植根于现实的生活里，而后者驰骋在理想的世界中（见图 54、图 55）。《诗经》在形式上多为四言一句，重章

图 54　诗经

叠字。诗中所描绘的溪涧山陵、日月天地、农桑稼穑、征夫思妇，都是对现在生活的真实写照，对于虚无缥缈的神仙世界少有涉猎。虽然偶有神话出现，也大多与歌颂先人开国辟疆的历史活动相关联。语言质朴明快，风格淳朴厚重。《诗经》"饥者歌其食，劳者歌其事"的创作风格，奠定了我国古典诗歌创作的现实主义基础。《楚辞》则另树一帜。在形式上，打破了四言诗的格调，创造了一种句法参差灵活的新体裁，每句字数不等，亦多偶句，错落中见整齐，整齐中又富有变化。在表现手法上，上天入地，驱神驭鬼，想

图 55 楚辞

象丰富奇特，境界扑朔迷离，感情浓烈奔放，语言清新俊美，风格绚烂飘逸。《楚辞》发展了我国上古神话的浪漫色彩，成为我国浪漫主义文学创作的直接源头。先秦文学如此，后世文学亦多有南北风格之别。情辞慷慨、志深意长、梗概多气的建安文学；率真爽直、豪放、刚健的北朝民歌；激越深沉、雄浑悲壮的盛唐边塞诗，叱咤风云、"挟幽并之气"的金词；"如金戈铁马"、清劲树骨的元初北曲；直至深刻展示当今西北人民生活风貌的西部文学，都流贯有北国风情。而情辞婉转、轻靡绮艳的南朝诗歌；润泽华采、清新秀美的唐代山水田园诗；以婉约柔媚、悱恻缠绵为正宗的宋词；"柳颤花摇""贵温贵雅"的南曲，无不荡漾着江南韵味。即使同为一人，前后处于南北不同地域，其文学风格也有殊多变异。南北朝时期的文学家庾信，前期在梁，善作宫体诗，梁亡后被强留北朝。这样，他所处的自然环境也就相应地由山清水秀的南朝而变为广漠萧索的北国，诗风也由华艳轻宛一变而为苍劲沉郁，南北两个时期截然不同。又如，文学中的民歌最能体现一个地方的风情。北方民歌《敕勒川》表现的是牧草丰茂、牛羊成群、原野无际的北国草原风光。描写木兰代父从军的《木兰辞》，生动地反映了北方妇女的飒爽英姿与豪迈情怀。而《西洲曲》则是反映南方文学温柔和婉的代表作，其描写细腻，基调哀怨。缕缕忧愁，丝丝柔情，淡淡怨怒，跃然纸上。只有江南水乡的地理环境才能孕育出这样的诗句！真可谓：一种文化，两种意境；一个民族，两种风格！文学上的这种地域差异，显然与南北地理环境特征差异（北雄南秀）和地理环境作用下的人们审美情趣的差异（北人崇刚，南人尚柔）等有一定关系。

以当代文学而言，放眼亚洲文学，中国的莫言作品和日本的村上春树作品可谓双星并耀，标志着亚洲文学在世界上的影响、声望与高度。但两人的作品题材与风格迥然有别。莫言作品散发出浓郁的乡村泥土气息，作品风格颇具本土性与民族性；日本的村上春树作品则弥漫着浓厚的都市风味，作品风格颇具普世性与时代性。著名翻译家林少华先生称"莫言是触摸大地灵魂的庄稼汉，村上是浑身威士忌味的城里人"。造成两人作品差异原因很多，其根本原因还是他们成长和生活的地理环境不同。山东高密的泥土地是莫言倾听大地的喘息、触摸大地灵魂的土壤，当代都市的大千世界和人文情态是村上写作笔触诗意开拓、精神张扬的舞台。

3. 地理环境对文学地域性和地域文学人才群体形成的影响

文学的地域性包括两方面的意思：一是指某些文学体裁是从某个地区产生的，在它发展过程的初期不可避免地带着这个地区的特点；二是不同地区的文学各具不同的风格特点。樊星教授在《当代文学与地域文化》一书中精辟地概括了我国当代文学的地域特色，如"齐鲁的悲怆，秦晋的悲凉，东北的神奇，西北的雄奇，中原的奇异，楚地的绚丽，吴越的逍遥，巴蜀的灵气"。他在该书中还分析说明了当代城市文学的地域差异，论述了当代京味文学、津味文学、汉味文学、海味文学、苏味文学风格上的地域差异，认为"地域文化小说"是当代文坛最富于民族文化意味的一大景观。

地理环境对文学地域风格和不同流派的地域文学人才群体的形成也均有深刻影响。文学流派风格的空间变化性，表现在对生活的反映有其特定的地域性，受着特定空间的自然、社会环境的影响与制约。例如，我国文学史上的"花间派"词人大多生活在西蜀一带，山水诗与田园诗的作者多生活在山明水秀的江南水乡，这些作者的作品大多具有"香而柔"的风格特征。而那些边塞诗的作者大都长期生活在北国疆场，其作品多具有"悲壮刚烈"的风格特征。文学流派风格的空间变化性较为集中地表现在以地域特色来划分的文学流派上，其作品的浓厚地域色彩显示出风格的空间变化性，如昔日以河北籍作家孙犁为代表的"荷花淀派"和以山西籍作家赵树理为代表的"山药蛋派"等，可作为这方面的代表。又如当今文学界的"京派"与"海派"，更是各具特色，"泾渭分明"。这些地区存在的风格特异的作家群的形成与当地地理环境的熏陶有关。中国当代小说界中，那些执著而又出色地描写与表现了富有鲜明地域文化色彩的生活的作家，大多拥有一片为他们所熟悉、钟情的独具文化色彩的土地，比如老舍（舒庆春）之于京华风俗，张抗抗、梁晓声之于北大荒，陆文夫之于苏州市井，贾平凹之于西北城乡，鄢国培之于长江三峡，张承志之于草原生活，乌热尔图之于鄂温克的森林文化，等等。这种在地理环境孕育下的地域文化色彩给小说造就了一种令人瞩目的艺术风格。环境就是这样制约着作家，可谓"一方水土养一方人，一方人有一方民风，一方民风有一方文学"。当今我国文坛令人瞩目的山西作家群、陕西作家群、河南作家群、山东作家群、东北作家群等崛起，深究其因，都离不开养育他们的那一方水土与地域文化，从而使他们的作品各有鲜明的地域风格。

总之，地理环境是文学艺术创作的源泉和必不可少的参照物。人们在创作文学作品时，总是尽情地联想到地理环境中活生生的事物，参照、吸收其神韵，经过艺术加工，创造出绚烂多姿的艺术形象。地域文化的差异在很大程度上是由于其环境中的客观参照物不同所使然。与此同时，地理环境还通过参与人的心理特征的塑造与心理情感的激发，进而对文学艺术的风格和地域文学人才群体等产生潜移默化的影响。

六、天籁之音与大地和鸣
——音乐与地理环境

音乐的产生与发展深受环境的影响并存在着严格的时空限制性，不同地域造成不同风格、特色的音乐，因此与地理环境存在着一定的关系。

1. 地域背景的差异性对于音乐风格的影响

张述林教授等人研究认为，一定地域背景下的自然环境和人文环境对音乐产生影响，形成音乐地域差异的一般表现为：（1）某一地域音乐体上的一致性，特别是音乐特色的相似性；（2）地域间音乐特色的差异性；（3）音乐特色相似性和差异性的客观规律性。具体而言，地域背景的差异性表现为影响音乐的旋律、节奏、速度、力度、音区、音色、和声、调式等音乐语言要素的空间差异。例如，中国音乐就存在着明显的南北差异。近代著名学者梁启超在《中国地理大势论》中曾指出："北乐悲壮，南乐靡曼"。具体来讲，北方音乐的主要特色是粗犷、豪迈、开阔、高亢、通达、简练、活泼、自然；南方音乐的主要特色是细腻、清秀、轻柔、舒曼、明亮、流畅、温馨、典雅。如江南丝竹以空灵轻盈见长，优雅柔美，余音绕梁。北方的黄土高原的唢呐则凄厉悲壮，高亢奔放，荡气回肠。山西的锣鼓，节奏鲜明，威风无比。陕北的腰鼓更是刚劲激昂，气势非凡。作为南北最有代表性的两大剧种，越剧和京剧各有特色。越剧唱腔柔和婉约，做功温文尔雅，旋律平和恬静。京剧则唱腔雄浑铿锵，做功力度突出，旋律明快激昂。同为说唱艺术的苏州评弹和京韵大鼓也风格迥异。苏州评弹如清泉出涧，风拂垂杨，娓娓叙唱，哀艳清新。京韵大鼓则声调高亢，唱腔激昂，语重心长。其受地理环境影响的机制是：（1）由于各自所处的地理背景的差异，自然影响到人的心理质素并进而影响音乐的审美情趣。北方地理风貌较为雄浑，质朴且较严酷，人们性格上多较粗犷，审美情趣上多崇刚（或崇雄）；南方地理风貌较为秀雅和优越，人们情感多较细腻，审美情趣上多尚柔（或尚秀），从而在音乐创作与欣赏上存在明显的心理差异。（2）由于地理背景差异的直接影响，不同环境需要不同的音乐风格及音域音量的表达，如辽阔的草原与闭塞的山地的音乐在上述方面存在差异。此外，不同地域但类似的地理环境可能形成风格大致相同的音乐。据音乐专家的研究发现，尽管北美大草原和中国的阿尔泰两大地域远隔重洋，但两地的印第安人民歌和阿尔泰语系若干民族的音乐风格大致相同，二者都是以五音阶为特征，不论是音调结构、旋律走向和节奏类型，还是音乐表现与发展的手法诸方面均有很多相似之处。探究其原因，与类似的地理环境及生活方式的造就有关。两地都位于北纬 35°～50°，北美大草原印第安人居住在西经 90°～120°，阿尔泰语系少数民族居住在东经 90°～120°；地形都以高原山地为主；气候均以温带大陆干旱半干旱气候和高原山地气候为主；生产与生活方式多以畜牧为主。此并非偶然巧合，这说明类似的地理环境可能影响形成风格大致相同的音乐。

地理环境对音乐影响最明显的是民族音乐。下面我们以中国民歌为例，详细分析其地域特色差异及形成的地理背景。

我国民歌丰富多彩，与我国具有辽阔的地域、复杂的自然环境和拥有众多的民族密切相关。在人类社会的早期，由于交通闭塞，不同的地理环境对不同地区的民族的心理状况、生产与生活方式产生着深刻影响，并由此影响到民歌的风格与地方特色。到了近现代，地区之间的文化交流不断加强，各地民歌也日益呈现交融、演化的趋势，但仍明显地保留着某些地域特色和地理印痕。

高原山地，民歌高亢嘹亮。我国是一个多山地的国家，生活在山区的人民，很早就发现山体是天然的回音壁，深谷是自然的共鸣箱，由于山大人稀，人们经常挑起嗓子招呼同伴，一声高亢、拖长的吆喝，能在寂静的山谷中长时回荡，这种由吆喝演变而来的"喊句"在山区民间歌中经常可见，尤其是多出现在歌曲的开头与结尾。例如，四川民歌"太阳出来喜洋洋"，歌声十分高亢，歌中的许多"喊句"，不扯起嗓子是唱不出效果的，高唱这首歌曲很能使人生动想象旭日初照的高山深谷；《川江号子》中的"喊句"高亢流畅、跌宕起伏，生动地显现了江水翻滚、一泻千里的地理环境和船工与激流搏斗的感人情景。山歌的最大特点是高亢嘹亮，这可能主要与山大人稀的地理环境和为获得较好的回音效果以及远距离对唱等有关，当人们在山中引吭高歌，既可抒发自己的情怀，又可驱散深山的寂寞和沉闷。由于我国山地分布很广，地域差异较大，不同的山区的民歌又有一些差异。

云贵高原地形崎岖，山高水长。这一地区的民歌曲调高亢明快，变化丰富，优美多情，情歌的比重较大，歌词内容及比、兴也多与山水等地理事物密切相关。例如，大家熟悉的《小河淌水》中的"月亮出来亮汪汪，想起我的阿哥在深山，哥像月亮天上走，山下小河淌水清悠悠……"

黄土高原的民歌与南方的云贵高原的民歌相比，别具一番风味。这里的民歌腔高板稳，曲调粗犷有力，浑厚、深沉、朴实、苍凉，音域较宽，其风格与黄土高原的宏大、雄浑、深沉、质朴、苍凉的自然风貌颇为融洽。黄土高原一带的民歌常有悠扬、辽阔的拖腔，似乎表现着黄土高原辽阔无际的意境与气势。大多民歌的首尾有自由的吆喝，好像是在黄土高坡上放声歌唱。此外，黄土高原的民歌与云贵高原的民歌一样，也很高亢嘹亮，如流传很广的《信天游》（见图56）、《陕北小调》等，这显然与黄土高原千沟万壑、坡高谷深、地广人稀的地理环境有一定关系。

图 56　黄土高原的信天游

草原牧区，民歌舒展奔放。辽阔的草原，一望无垠，牛羊成群，万马奔腾，这里流行的民歌特别是牧歌自由舒展，辽阔奔放，具有浓郁的草原气息。

内蒙古拥有我国最大的草原，到处呈现出一派天苍苍，野茫茫，风吹草低见牛羊的壮美景观。这里的牧歌歌词内容与地理环境的关系也较密切，大多描写蓝天、白云、草原、牛羊、骏马、骆驼等，表达草原儿女对家乡的眷念与赞美。如《牧歌》中的唱词："蓝蓝的天空上飘着那白云，白云下面盖着雪白的羊群……"把内蒙古草原景观描绘得栩栩如生，这类歌曲举不胜举。吟唱内蒙古民歌，颇有置身于茫茫草原的亲切之感（见图57）。

新疆素有"歌舞之乡"的美称，民歌众多，这里的民歌与内

图 57　内蒙古草原的牧歌

蒙古民歌相比，除了具有自由、热情、奔放等共性外，并与这里的歌舞一样，具有节奏感强烈的特点，好似那大漠中起伏的沙丘，大起大落；宛如大陆性气候，变化强烈。而且，曲调欢快，节奏活泼，结构规整，适于边舞边歌。歌词内容多描写天山、吐鲁番、伊犁河、草原、戈壁滩、骏马及骆驼等。

　　青藏高原民歌的重要特点是歌声激越嘹亮，音区很高。这里的民歌既像高原上的天空一样洁净明亮，又像高耸的雪山一样直刺苍穹，响彻雪山高原，洋溢着高原雪峰的特有韵味。歌词中赞美雪山、雪莲、雄鹰和太阳较多。特别是太阳是藏胞们经常讴歌的对象，可能与这里是"地球上离太阳最近的地方"和气候高寒（藏人特别喜爱阳光的温暖）等有一些关系。

　　平原水乡，民歌秀雅柔美。平原地区人口稠密，与山区、牧区相比，人与人之间的空间距离一般较小，所唱的歌声不需要传送很远，一般都清唱低吟，不像山歌、牧歌那样放声高唱和具有

"喊句"。长江中下游平原民歌曲调优雅婉转，清新流畅，委婉缠绵，柔美细腻。既像河水中的静静流水，柔情脉脉；又像那低平的地形，起伏变化不多。如江南小调等在这方面的特色尤为鲜明（见图 58）。这与碧水荡漾、风光秀丽的地理环境不无一定关系。平原水乡民歌的歌词中，有关河流、田园、麦苗、油菜花、稻谷、花卉等景物的内容较多。

图 58　江南小调

2. 地理环境对于音乐创作内容与题材的影响

地理环境中的自然音响是音乐创作的源泉。例如，日本是海洋国家，其音乐有不少是模拟海潮、海鸥声音，我国草原的音乐多出现奔跑的马蹄声节奏。《高山流水》《春江花月夜》《田园交响曲》《云雀》《空山鸟语》等中外名曲颇能使人感受到音乐与环境的契合。至于山区的"山歌"、草原的"牧歌"、沿海的"渔歌"、水稻产区的"田歌"、茶区的"采茶歌"，等等，都可以说是特定地理环境的直接产物。正因为有着地域这一因素，这些民间音乐才能显示出它们独特的色彩和韵味。

此外，地理环境中的地形、位置等对音乐艺术文化的产生与扩散有一定影响。

由上述可见，地理环境对音乐的影响是十分明显的，了解不同地区的音乐与地理环境的关系，无疑会有助于我们对音乐艺术特色的理解，从而大大提高我们的音乐艺术鉴赏能力或音乐艺术的创作能力。

七、地域土壤植戏风——戏曲与地理环境

　　戏曲中与地理环境关系较明显的是地方戏曲。地方戏曲种类繁多，每个戏曲、剧种大多在特定的地域分布，异彩纷呈。这种文化现象的形成，既有社会、历史、文化的原因，也有地理环境方面的原因。这里试对我国地方戏曲的生成及艺术特征差异产生的地理原因进行一些初步探讨。

　　1. 地理环境对地方戏曲生成与传播的影响

　　戏曲这一文化现象的产生与发展有着它植根的"土壤"，并随着社会经济、文化的发展而变化。黄河中下游地区是我国农耕文明和艺术文化发展最早的地区。这是由于该地区属温带季风气候，降水量虽不很丰富，但集中于农作物的生长季节，加之土壤深厚，灌溉便利，最早的粮食作物黍、粟适于在这里生长。疏松的土质也适合人类早期低生产力水平（金石并用）下的开垦经营。优越的地理环境孕育了早熟的农耕文明，也使文化艺术的发展具有一定的物质条件。

　　到了经济繁荣的唐代，黄河流域的文化艺术获得了高度的发展，推动了具有高度综合性艺术形式的戏剧的诞生。唐宋时期被认为是我国古代戏剧的形成与繁荣的时期。我国最早的正式戏曲形式——宋元南戏于 12 世纪诞生在江南温州一带，但较为完整的戏剧形式元杂剧是于 13 世纪在北方产生的。"元杂剧的活跃地域，是在北方的政治文化中心大都和有悠久文化传统的平阳以及东平、彰德等地。"因此，"在南方还是以诗词为主要文学样式的时候，北

方就出现了关汉卿、王实甫等杂剧作家"。①

历史、地理等方面的原因，最终导致了江南地区取代黄河流域而成为中国的经济文化重心，但直到北宋之后，文化中心才完全转移到江南。直到元朝，南方各种文化艺术都没有能够像北方那样获得高度的发展。而作为戏剧主流的戏曲艺术，有需要融合多种文化艺术因素的特点。因此，尽管南方戏曲的形成早于北方，但是，完整成熟的戏曲形式仍然首先生成于北方。

由于经济的开发，地理环境的变化，我国政治、经济、文化中心的南移，南方后来居上，从而使得江南地区有可能产生比北方元杂剧更为成熟的戏曲形式。终于，继元杂剧之后，更为成熟完整的戏曲形式昆腔在江南生成了。昆腔创始于元末，它之所以成为比元杂剧更为完整和成熟且在江南影响深远的剧种，是因为苏州昆山一带是明代东南沿海地域工商业经济发展的中心，戏曲演出最盛。况且，这里位置优越，地势低平，交通便利，人口密集，文化交流频繁，从而使原来在昆山一带流行的戏曲唱腔才有可能吸收其他唱腔的长处来丰富自己，同时也利于它的传播。此外，由于它的伴奏乐器丰富，曲调优美，在昆腔流行之后，其他唱腔大多不能同它竞争。明代时南剧逐渐成为主要剧种。

地理环境优越、经济发达会促进戏曲文化的诞生、传播与发展。反之，地理环境恶劣、经济落后则会阻碍和延缓戏曲文化的形成、传播与发展。我国西部地区多高山，地形崎岖，位置偏僻，这种相对闭塞的地理环境在很大程度上延缓了社会文化的发展。除西域戏曲起源较早外（因受丝绸之路的影响且是世界三大宗教的汇流之地），西部其他地区的戏曲起源大多很晚。藏戏曲的表演艺术形式，过多地停留在较为原始的水平上，此类地区的戏曲又往往成

---

① 游国恩等主编：《中国文学史》，人民文学出版社1963年版。

为研究戏曲起源的"活化石"。北方蒙古游牧民族古朴简单的生产和生活方式及稀疏的人口使得他们缺乏完整的戏剧体裁。

每个戏曲从诞生起是不断地流布传播的,戏曲种类是相互交融和相互影响的。但这种传播交融往往受到自然环境中的高山大河的影响。如安徽的庐剧在演进和扩散的过程中是以合肥为辐射中心在江淮之间形成范围较大的戏曲区域,然而它却很难在淮河以北"安家落户",向南它则很难越过长江与徽剧、黄梅剧去"争夺地盘",这显然是与长江、淮河天堑屏障作用有关。

由此可以看出,地理环境直接影响到戏曲的产生发展和传播,而正是由于这种区域差异的影响,才形成形形色色的不同种类的"地方戏曲",其传播也受到相应影响和限制。

2. 地理环境对戏曲声腔地域差异的影响

少数民族戏曲和汉族地方戏曲,都具有以歌、舞、剧三者综合的表演艺术特征。声腔及自身具有的特点,最能反映出地方戏曲之间的差别。

我国许多地方戏曲在声腔上都具有独特的风格。一般说来,地理环境相似的地域,其地方戏曲在声腔上常常存在共同的特征。我国秦岭—淮河一线南北的地理环境大相径庭,使得南北方的语言和声腔风格迥然有别,故历来有"南腔北调"之说。南方曲调以柔美优雅见长,这与山清水秀、鸟语花香的自然环境以及温润的气候相和谐;北方曲调以粗犷奔放著称,这与辽阔的平原和草原环境以及寒燥的气候颇协调。以具体的剧种为例,如南方的昆腔与北方的秦腔,在风格上,前者中正平和,后者高亢激越。诚如叶德辉在《重刊秦云撷英小谱序》中所说:"夫昆曲雍和,为太平之象;秦声激越,多杀伐之声。"二者风格对比十分鲜明。

审美对象(文化艺术品)的呈现总是它与观众契合。因此,没有审美的活动，艺术也就不能存在和发展。戏曲艺术无论在声腔、内容题材及其他表现形式上都要适应人们的欣赏习惯和审美标准，这样才能引起观众感情上的共鸣，进而得以传承。否则，就会受到排斥、抵制。而不同地区人们的审美情趣往往是不同的，其心理特征与地域环境条件有着密切的联系。

人的心理是人脑对外界客观事物主观能动的反映。据现代心理学家研究认为，地理环境这一无所不在的外界客观事物深刻影响着人的心理质素与品质，不同地域环境中的人类群体有着不同的心理品质特征。例如草原的人剽悍、顽强，平川的人灵活、机警，深山的人热情、狭隘，北方的人直爽、粗犷，南方的人委婉、细腻，内陆的人朴实、保守，沿海的人坦荡、开放……这些不同心理素质与品质特征，均与特定地域的地理环境的"塑造"有关。日本学者片濑还分析了食物与心理的关系。他指出：以肉食为主的西方人，性情比较粗犷和好激动。而以植物性食品为主的亚洲人则往往性情柔顺内向。我国北方畜牧业发达（尤其是内蒙古），肉食在食物构成中的比重明显高于南方。加之北方自然环境比较单调和严酷，地形平坦而开阔，风光质朴，人们长期在这种环境中生活，逐渐形成了一种比较粗犷、豪放、质朴的性格；而南方的地形复杂，高山流水，山清水秀，淫雨绵绵，自然节律更替明显，在这种环境的熏陶下，人们的感情自然比较丰富、细腻。正是由于上述原因，泼辣豪放、慷慨激昂的北方戏曲唱腔（如深受北方人喜爱的秦腔、龙江戏、河北梆子、豫剧等）非常适合于性情粗犷的北方人的审美心理。而委婉动听、优雅柔美的南方戏曲唱腔（如南方人广为爱好的越剧、粤剧、黄梅戏及昆曲等）更适宜情感细腻、性格内向的南方人的审美趣味。如陆次云在《圆圆传》中有一段记载，说李自成不耐听昆曲，而命群姬唱西调（即秦腔）。这说明南方昆曲的情调、风味与北方黄土高原养育的闯王李自成具有的文化心理气质是格格不入的。

人们研究发现，山区居民因地广人稀、开门见山，长久对这种环境的适应，便形成了对话声音洪亮、议事直爽、待人热情的性格特点。暖湿宜人的临海滨湖地区，因气候湿润、景色秀丽、万物生机勃勃，易使人触景生情。所以，这里的居民往往情感细腻，多愁善感。顺着这一思路，我们可以感悟到，在戏曲唱腔上，多山的川、湘、赣、闽等地属于高腔系统，这种高亢、热情奔放的唱腔与高山流水的山区环境颇相适宜。而江南水乡的曲调则缠绵委婉，优美柔和，这与该地区碧水荡漾、风光秀丽的地理环境非常融洽。晋剧源于山西，它腔高板稳，颇具有北方黄土高原的艺术风貌。青藏高原和西北地区的戏曲，则分别洋溢着高山雪峰和"西北风"的特有韵味。

即使同一省份，地方戏曲的唱腔南北也有差异，如在安徽戏曲中，南部的庐剧、黄梅剧、徽剧的演唱温柔细腻，与北部的梆子剧、泗州剧、推剧演唱粗犷豪放的风格形成鲜明的对比，这正是安徽自然环境南北差异对戏曲影响的明证。

3. 地理环境对戏曲表现题材地域差异的影响

黑格尔说过："每件艺术作品也都是和观众中每一个人所进行的对话。"① 可见，文化艺术作品只有深深地植根于人民生活和民众爱好的土壤里，才富有感染力。事实上，这样的戏剧艺术作品在我国是大量存在的。我国的地方戏剧大多是对民间的人和事展开现实主义的描绘，具有浓郁的乡土气息，地域特征明显。

我们知道，北方自然灾害频繁以及游牧民族的屡屡南侵，加剧

① 黑格尔：《美学》（第 1 卷），朱光潜译，人民出版社 1958 年版，第 335 页。

了北方的社会动荡，阶级矛盾和民族矛盾较南方激烈，齐、鲁、燕、赵多"慷慨悲歌之士"。因此，金戈铁马的战争故事便成为戏剧的基本素材。北方人在心理上也易于接受这类题材的故事情节。以京剧为例，京剧不是北京的地方戏曲，但其活跃中心在北京，仍具有北方戏曲的色彩。早期所演的戏剧大多取材于战争故事，具有北方戏剧慷慨激昂的特点（见图59）。而"爱情戏不占很重要的地位。京剧里演男女相爱都是直来直往，像东方氏、穆桂英式的，潘巧云、闫惜娇式的，要不就是王宝钏、柳迎春式的——这些都带有浓厚的民间色彩"①。这是北方男女相爱方式的真实写照，也是符合北方人的审美心理或审美情趣。

图 59　京剧

南方由于地理环境比较优越，自然灾害相对北方较少，古代受战争的影响也相对北方微弱，故南方人从心理上就不愿接受战争打打杀杀的故事。南方戏曲善于表现忧郁悲怆、含蓄而深沉的感情，

---

① 欧阳予倩主编：《中国戏曲研究资料初编》，艺术出版社 1956 年版。

戏剧情节悱恻缠绵，爱情戏占有重要地位，表达了人民追求平安、幸福生活的美好愿望。如锡剧《庵堂相会》、越剧《梁祝》、黄梅戏《天仙配》等，均是以爱情故事为题材（见图60）。

图 60　越剧

明朝时期，以弹词和鼓词为主的说唱兼有的戏曲形式流行于不同地区。前者流行于南方，主要说唱才子佳人的爱情故事，并通过爱情故事，透视社会人际关系中的道德伦理心态；后者流行于北方，主要说唱金戈铁马的战争故事，反映正义战胜邪恶的英雄事迹，弘扬民族主义与爱国主义精神。

西域地处中亚，这一特殊的地理位置，成为佛教、伊斯兰教和基督教三大宗教的汇流之地。因此，戏曲内容多取材于宗教、神话故事。"艺术家们创造这些带有宗教印记的歌舞、乐曲戏剧，实则都源于西域各民族宗教信仰与艺术实践。""它开启了我国宗教剧的先河"①。当然，这里几乎所有戏剧都是从宗教祭典礼仪发展而来，

---

① 李肖冰：《西域戏剧发生之端绪》，《戏剧艺术》1989 年第 1 期。

但由于汉族居住区进入古代社会后巫术的衰退，儒学的盛行，有许多原始的宗教文化痕迹被掩盖、改得面目全非。只有西域这一特殊地区得以保留更多的宗教文化痕迹。可见，戏剧题材内容的传承和本土文化基因密切相关。

4. 地理环境对戏曲舞姿动作地域差异的影响

王国维先生在《戏曲考源》一文中说："戏曲者，谓以歌舞演故事也。"可见，"舞"在我国戏曲中占有重要地位。但是，各地方戏曲中"舞"所占的比重、地位有所不同，舞姿造型也存在较大差异。

戏曲中的"舞"是吸收了民间的舞蹈艺术。对此，中国戏曲史学家张庚先生有过这样的论述："戏曲表演的主要部分在形成的当时处于一种特定的事情当中，那就是必须在传统舞蹈的基础上来戏剧化，或者说，必须利用传统舞蹈的手段来塑造人的外部形象。"[1]舞蹈来源于生活，而各地生产和生活方式又是受地理环境制约的，这就使得各地区的舞蹈有着不同的风格，这种风格一经形成，便作为一种相对稳定因素得到传承，进而影响到戏曲。例如，由于我们民族的传统思想把人作为"五行之端""天地之心"看待，所以戏曲在塑造人物形象时，往往取自然环境中的万物之形为其所用。上至日月星辰、云雨风雷，下至山川草木、鸟兽鱼虫，都可以取其有利于塑造某一类人物的一种神态纳入舞台艺术。像戏曲表演程式中的云手、云步、旋风步、鹰展翅、双飞燕、燕惊人、鹞子翻身、金鸡独立、踹鸭、乌龙绞柱、跨虎、扑虎、趟马、卧鱼、鲤鱼打挺、倒提柳、兰花指、绕花……这简直是一个行云流水、龙

---

[1] 张庚：《张庚戏剧论文集》（1959—1965），文化艺术出版社 1984年版。

腾虎跃、鸟语花香的万千世界，可是它们都被演员用优美的神态和身段体现了出来，将人物的内心世界物化。又如，陕北民间舞蹈以陕北秧歌、安塞腰鼓、威风锣鼓等为代表，其风格特点是粗犷健美，奔放热烈，与博大深厚的陕北黄土地融为一体。秦腔受陕北民间舞的影响，舞姿动作幅度较大，刚劲有力，节奏强烈。东北冬季气候寒冷，有些节日庆祝活动大多在夜晚举行，观众为了抵御寒冷只好加入表演的行列中，于是出现了几十上百的人扭的"大秧歌"（见图61）。"二人转"群众娱乐活动在东北乡村风行也与东北乡

图 61　东北大秧歌

村冬闲的环境有一定关系。藏族舞蹈手足的摆动幅度较小，一般脚高不过膝，手高不过头，比较适合高原低气压和氧气稀薄的环境（因为动作幅度小可减轻疲劳感）。至于新疆舞蹈动作变化剧烈，与"早穿皮袄午披纱，围着火炉吃西瓜"的大陆性气候（气温变化剧烈）有一定关系。内蒙古舞蹈那昂首挺胸、抖肩带动双臂和复杂多变的马步都是马上生活的真实写照。舞蹈中手的造型多用"勒马式""单鹰式"与"双鹰式"，动作粗犷剽悍，这与草原环境

颇融合。江南越剧舞姿动作袅娜多姿、轻盈舒曼，则与水乡的地理环境熏陶有关。西南地区是动物的王国、鸟类的天堂，该地区的戏曲舞蹈中以鸟类为主的动物姿势占有重要的地位，如孔雀舞等；该地区地形崎岖，行路困难，表现在戏曲舞蹈方面就强调脚上功夫，表演者注重下肢的使用，常常通过俯仰、摆手、顿足等来反映攀登的艰难。此外，由于人文地理环境的影响，北方戏剧中的武技动作明显高于南方，这一点是作为南北戏剧题材差异的衍生物而存在的。

从以上分析可以看到，地理环境与戏曲有着紧密的联系，一般来讲，由于地理环境的区域差异性导致了社会、文化、心理等方面的地域差异，而这种差异又导致了戏曲的地域差异，形成各具特色的地方戏曲。

最后需要说明的是，地理环境对地方戏曲特征的影响是广泛而深刻的。产生这种影响的主要原因与机制是，自然万物是人类文化产品创作必不可少的参照物，地理环境通过参与人的性格、气质塑造与心境情感的激发，从而对文化风格产生潜移默化的影响。这种影响多是间接的，需经过心理因素、社会经济条件等中介，因此，这种影响往往比较隐秘，这也是人们对此研究较少的原因之一。地理环境与戏曲文化艺术之间关系中的许多奥秘，尚有待人们不断探索，这也是当今文化地理研究的重要课题之一。

八、北碑南帖地分野——书法与地理环境

　　中国书法是中华民族特有的一种文化造型艺术，它从一个侧面反映了中华民族几千年的文明史，是汉族文化和民族精神的一种生动体现，它作为国粹之一深受人民大众的喜爱。任何一种形态的文化，其产生与发展都具有与之相适应的生态环境和文化地理根据。吴慧平博士研究认为，"地理环境是一种物理结构，人的文化审美精神是一种心理结构，二者沟通，属于'异质同构'原理。"中国书法艺术这种文化事象也不例外，它的形成、发展及地域分布，虽然不像绘画、音乐等那样明显受到地理环境的影响，但仍可以发掘出它的地理环境作用的底蕴，在艺术风格上见其地理印痕。在我国，张捷、吴慧平、曹诗图等学者较深入地研究过书法艺术与地理环境的关系。

1. 地理环境与书法艺术的起源

　　中国的书法艺术是随着中国汉字的产生而产生的。艺术与象形有着密切关系，中国汉字是以象形为基础的表意体系的音节文字，它的象形特质或象形精神决定了其艺术欣赏价值要比抽象符号的西方文字高出一筹。著名美学家宗白华先生曾经说过："中国字，是象形的，有象形的基础，这一点就有艺术性。"而中国文字这种象形精神（或特质）及其艺术性则渊源于自然环境的"教化"。据史学家和书法家们的研究，我国最早的文字属于象形记事的图画文字，其形成基本取法于自然环境中的天地、日月、山川、草木、禽兽等。我国早期书法艺术中的甲骨文、石鼓文、碑刻的书写材料，

更是直接取自于大自然中的龟甲、兽骨和岩石。由此可见，我国文字与书法艺术，从开始产生起就与地理环境有不解之缘。

2. 地理环境与书法家创造灵感的启迪

地理环境或大自然可以给书法家艺术创造灵感上的启迪，可以给书法家艺术修养和思想情操上的陶冶。因此古谚中曾有"行笔不成看燕舞，施墨无序赏花开"之说。不少书法艺术家喜欢将自然万物的物象与人的意象联系在一起，善于捕捉大自然中美的现象，巧妙地模拟自然物的形态与神韵，自觉地将自然美融合于书法的艺术美之中，从而使自己的书法艺术独具风采。相传唐代大书法家怀素经常在夏天观看天空中的行云，在夜间卧听嘉陵江水的涛声，自然环境的这些景物与音籁给予他书法艺术创造灵感上的启迪与激发，从而使他的草书形成"行云流水""横扫千军"的风格与意境。还有一些书法家善于从人文环境中吸取艺术营养，相传宋代书法家黄庭坚乘舟时目睹船工摇橹，由橹在水面上翻侧伸展和水波荡漾的情景受到启发，于是将橹与水的动态美引入书法艺术创造之中，从而使自己的行书形成撇画长而舒展（形如橹摇）、横画尤其是字的腰横长而波折（状若水波）的独特风格与神韵。这类事例可以列举许多，难怪有学者发出这样的感叹："艺术之灵感非独钟于才情，山川之灵秀、环境之熏染，皆乃启发之源泉！"

3. 地理环境与书法艺术地域风格

地理环境对书法艺术的影响，饶有兴味且较为明显的是表现在它对书法艺术地域风格的影响。在历史上，我国书法艺术曾经形成不同的地域流派。这在南北朝时期最为明显。这一时期我国的书法艺术大体形成"北碑南帖"两大地域格局。在书法艺术上，北碑以方严为尚，粗犷、质朴、雄强，富有豪气；南帖以流美为能，婉

图62 《龙门十二品》

丽、清媚、隽永，颇有灵气。具体在运笔风格上，北碑用笔多方峻，如刀痕毕露，似断金切玉，颇有方整峭厉之感，《龙门十二品》等可谓其典型代表作（见图62）；南帖用笔则以圆笔为主，讲究婉通流便，"行于简易闲澹之中，而有深远无穷之味"（范温《潜溪诗眼》），王羲之的《兰亭序》为其杰出代表作（见图63）。我国清代朴学家阮元、近代著名学者梁启超等早就注意到这一点，并进行了研究。如阮元著有《南北书派论》、《北碑南帖论》等。他认为："南派乃江左风流，疏放妍妙，长于启牍，减笔至不可识……北派则中原古法，拘谨拙陋，长于碑榜。……两派判若江河，南北世族不相通习。"梁启超在《中国地理大势论》一文中论述更为明了，他指出："书派之分，南北尤显。北以碑著，南以帖名。南帖为圆笔之宗，北碑为方笔之祖。遒健雄浑，峻峭方整，北派之所长也。秀逸摇曳，含蓄潇洒，南派之所长也。"吴慧平博士在《地理环境与书法风格》一文中，简要对比了中国古代书法的南北差异，认为南派在字体上以动的字体为主、行草居多，风格秀丽、飘逸、蕴藉，书写载体主要是纸、手札、帛，书写节奏轻快，笔法以圆笔居多，圆转、细腻、复杂；北派在字体上以静的字体为主、篆隶楷居多，风格刚健、雄奇、宽博，书写载体主要是墓志、碑碣、摩崖，书写节奏缓慢，笔法以方笔居多，方折、粗犷、简洁。有一些学者研究认为书法艺术上的这种南北差异与地理环境的南北分异有一定关系。

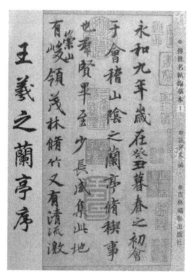

图 63　王羲之《兰亭序》

　　笔者研究认为，我国书法风格的南北分异这一有趣而神秘的文化现象可以从文化生态的角度进一步找到答案。

　　众所周知，我国地理环境南北差异十分显著。北方气候干燥寒冷，植被稀少，山川峻厚，岩石以物理风化为主，地貌轮廓突出分明，且多大漠、荒原、峻岭，自然风貌上给人以粗犷雄浑、峻厚之感，富有阳刚、壮烈之美；南方则气候温暖湿润，细雨和风，山清水秀，鸟语花香，植被繁茂，岩石以化学风化为主，山体轮廓柔和，自然风貌上给人以秀丽、阴柔之美。不同的地理风貌特点深刻影响着生活在不同地域人们的气质与性格特点及审美情趣，一般而言，北方人性情较刚直、较质朴，南方人性情较温柔、较浪漫。在审美情趣上，北方人多崇雄，南方人多尚秀。这些都自然影响到南北不同地域的书法家的气质、性格特点及审美情趣，并进而影响其书法艺术风格的形成乃至书体的选择。地理环境这种间接的影响，在南北朝之后的唐、宋时期书法艺术风格的发展演变中仍明晰可见。唐、宋两代文化繁荣，地域文化交流频繁，是我国书法艺术发展的鼎盛时期，然而两代的书法艺术风格却迥然不同。唐代的书法艺术以雄强刚健见长（如具有代表性的颜体、柳体、欧体等），宋代的书法艺术则以秀逸潇洒取胜（如称之为宋代四大书法家的蔡襄、苏轼、黄庭坚、米芾的书法等）。唐代书法以"雄"见长的艺术风格的形成，显然与当时我国政治、经济、文化中心主要分布于北方，书法家多出生和生活在北方，书法艺术深受北方地理环境的熏陶等有关。而宋代书法以"秀"取胜的艺术风格的形成，也明显与当时我国政治、经济文化中心南移，书法家多出生和生活在南方，书法艺术深受南方地理环境的影响等有关。可见我国书法艺术史上出现的这种时代风格演变在很大程度上与我国政治、经济、文化中心的南移导致地理背景的变化相关联。就个别书法家生活的地理背景方面分析，更可以见到地理环境对书法艺术作用的印痕。如元代大书法家赵孟頫系浙江湖州人，他的楷书秀丽妩媚、潇洒生动，透射出江南风光熏陶和南国秀民气质的气息，与北人颜真卿、柳公权等人雄强刚健的楷书风格大相径庭。又如"书圣"王羲之的书法清丽俊逸，有"清水出芙蓉"或"清风出袖，明月入怀"的赞誉。王羲之虽然是出生于山东的北方人，但他长期生活在南方江浙一带，特别是会稽的灵山秀水的长期熏陶，使他具有与南国秀民相似的气质与审美情趣。这可从他的杰作《兰亭序》见其一斑。更重要的是南、北地理环境的先后熏陶和不同地域文化的滋养，对他的书法艺术升华和飞跃起了一定的催化作用。也许正是地理环境之使然，使王羲之兼有北人与南人气质上的双重优势从而使他卓立于书法艺术之林并登上"书圣"的神坛。有趣的是，本书笔者之一曹诗图曾经在葛洲坝水电工程学院的大学书法教学实践中发现：

北方学生运笔以方笔居多，崇雄尚刚审美情趣比较明显；而南方学生运笔则以圆笔较普遍，崇秀尚柔审美情趣比较突出。

　　须指出的是，随着社会发展和文化交融的日益增强，地理环境对书法艺术的影响作用产生的印痕将日益弱化、模糊，但从宏观与本质上考察，这种影响与印痕不会完全消失。这是因为：一方面由于历史文化的淀积作用和"天人合一"的传统文化的深远影响，地理环境所赋予书法这种文化产品的遗风流韵具有一定生命力，仍将承传久远；另一方面，在新的环境的熏陶与塑造下，包括书法在内的许多文化产品将赋予并呈现出新的艺术地域风格。如前所述，地理事象是人类文化产品创作必不可少的参照物，地理环境通过参与人的性格、气质的塑造与心境情感的激发，进而对文化产品风格产生潜移默化的影响，这是一条不依人的意志为转移的客观规律。地理环境对具有"天人合一"特质的中国文化具有强大的亲和力，正确地认识这一特征，科学地评价地理环境对文化风格的影响与作用对于繁荣我国的文化事业是大有裨益的。

九、天滋地润渲丹青——绘画与地理环境

绘画是一门运用色彩、线条与形体态势，在二维空间的范围内，反映现实美，表达人们审美感受、审美理想的视觉艺术，古称"丹青"。它与音乐、书法、文学等文化艺术相比，与地理环境的关系更为密切。地理环境对绘画艺术的产生与发展、艺术创作地域风格以及不同流派的形成等都有一定影响。

1. 地理环境对绘画艺术创作的影响

地理环境影响绘画艺术的最重要的方面是，环境为美术创作提供了丰富的素材，如地理环境中的山地、大海、森林、河流、村舍、城市、园林以及各种动植物等，都是绘画创作的对象。法国古典主义画家安格尔曾指出："只有在客观的自然中，才能找到作为最可敬的绘画对象的美，您必须到那里去寻找她，此外没有第二个场所。"尤其是山水画与地理环境有着不解之缘。综观中国当今山水画坛，有不少专门描摹高原雪山、黄土风情、草原风光、东北雪原、南方水乡等独特地理景观的作品，这些作品与地理环境的关系是不言而喻的。绘画上要达到艺术境界的突破，必须源于我们所理解、所陶醉的地理景观，并有对自然美的敏锐感受和新的发现。

2. 地理环境对绘画艺术产生与扩散的影响

地理环境中的地形、位置等对绘画艺术产生与扩散有一定影响。据研究，平原、丘陵、河流与海岸地带有利于绘画艺术的产生

与扩散。例如，发源于大河流域的四大文明古国，曾都是美术的发源地和中心区。而山脉、高原、海洋、森林则在一定程度上阻碍了美术或绘画艺术文化的扩散，由于这些自然屏障的阻碍，古代各美术或绘画艺术中心之间很少进行交流。但随着社会的发展以及现代文明和科学技术的进步，这些天然屏障对美术或绘画艺术扩散的影响日趋减弱，乃至不复存在。但在远离现代文明、地理闭塞的一些地区仍存在较为原始的美术文化。

3. 地理环境对绘画艺术地域风格的影响

地理环境对绘画艺术的影响一个较为明显的方面，是它直接或间接地影响到美术或绘画的地域风格。绘画作品的产生和风格，主要来自画家对自然环境和人文环境的描绘以及对地理事象的理解与把握，在绘画作品风格的形成过程中，描绘对象和画家所处的地理环境的影响均具有不可忽视的作用。自古以来，中国绘画在地域风格存在着南北差异。如近代著名学者梁启超在《中国地理大势论》一文中曾指出："北画擅工笔，南画擅写意。"如绘画历史上，北宗创始人李思训的绘画与南宗创始人王维的绘画风格大不相同，前者气势磅礴、用笔工致、画面繁复，后者飘逸潇洒、用笔简洁、画面空灵（见图64、图65）。有学者曾研究过我国地理环境的南北分异对古代山水画地域风格差别的影响，认为北方山水画风格豪迈，奔放雄浑；南方山水画婉约雅致，清淡秀丽。这种风格特征差异的形成与我国"北雄南秀"的地理环境的不同熏陶有关。具体来讲，北方山水画突出山石轮廓，以线条勾出凸凹，用坚硬的"钉头""雨点"皴之，形成斧劈皴、折带皴等艺术风格；南方山水画山石轮廓不突出，山骨隐显，用细密的、长短不一的、有柔性的线条和润媚的点子表现出石的长短披麻皴、荷叶皴等艺术风格。又如在书画装裱上，我国形成有风格迥异的"京裱"与"苏裱"两大流派。

图 64　北宗创始人李思训的绘画

图 65　南宗创始人王维的绘画

以北京为代表的画"京裱"，作品以厚重古朴见长；以苏州为代表的"苏裱"，作品以淡雅秀丽取胜。这种"北刚南柔"或"北雄南秀"的地域艺术风格，均与我国南北的自然环境的视觉效应相吻合。如我国北方地区，地处半湿润、半干旱地区，年降水量较少，年平均气温较低，气温的日较差较大，因此北方山体的岩石以物理风化为主。卸荷裂隙、冰楔作用造成的岩石崩解和各种节理的频繁出现等，使北方山体常常呈现棱角分明、界面粗糙、犹如斧劈一般的视觉效应。而南方是我国气候的湿润地区，降水较多，气温较高，因此南方山体的岩石以化学风化为主，故山体多具有舒缓、起伏较小的外貌特征，而且温润的气候使得这些平缓的山丘为繁茂的植被所覆盖，这样南方的山体地貌便造成了柔和与圆润的视觉效应。这种不同地域人们视觉效应与审美情趣的差异，对我国画坛上的南北两大流派的形成与传承起着重要作用。

上面我们试就自然环境对绘画艺术地域特征差异形成的影响进行了较详细的分析。这里我们不妨也就人文环境对绘画艺术地域特征差异的形成作一点简要说明。例如，中国画与西洋画在艺术风格上有显著差别，中国画比较注重用笔和追求神韵、意境，西洋画则比较注重于形体或追求空间感、立体感。换一句话说，中国画更接近于艺术的美，西洋画更接近于科学的真（见图66、图67）。这种绘画艺术风格上的差异无疑与东西方人文环境特别是人文地理环境的差异有一定的关系。如中国幅员辽阔，土地肥沃、气候温润且水热配合良好，农耕文化发达，人们多与土地打交道，这种地域环境孕育了中国文化和谐的风格和"天人合一"的哲学思想。加之受诗词、书法等传统文化的深刻影响，人们在进行绘画艺术创作时，善于把思想情感融合于描摹的自然景物之中，从而注重于诗情画意即意境的追求，这在山水写意画中表现比较明显。而西方的自然环境与人的结合上不如东方和谐，人们多从事工商活动，与大海（狂风恶浪）打交道，故在人地关系上人们较多地把自然放在对立面，目光总盯着自然，思想总想着征服自然，遂产生出"天人相分"的哲学思想。加之受建筑、雕塑、几何科学等传统文化的深刻影响，人们在进行绘画艺术的创作时，不大注重意境和神韵的追求，而更多地注重于绘画对象的自然形态的体与面或真实性，从而使绘画更接近于科学的真（如西洋油画）。

4. 地理环境对绘画流派形成的影响

地理环境中的区位条件（或地理位置）、自然环境等对绘画的

图 66　中国国画

资料来源：http：//www.yigoupai.com，http：//www.zan8.cn.

图 67　西洋油画

资料来源：http：//hi.baidu.com.

风格和流派的形成也有一定影响，如广东位于我国东南沿海，受外来文化影响较大，人们思想比较开放，画家们善于学习西洋画法（如复生法，几何远近比较法等），锐意革新中国传统画法，他们坚持"洋为中用、古为今用"，不畏人言，不守遗规，开拓创新，终于创造出了独树一帜、生机盎然的岭南画派，被人们誉为"新国画派"。又如著名画家吴冠中先生（1919—2010年）为江苏宜兴人，思想开放，长期以来他不懈地探索东西方绘画两种艺术语言的不同美学观念，坚忍不拔地实践着"油画民族化"、"中国画现代化"的创作理念，形成了鲜明的艺术特色，且绘画作品以江南水乡题材居多（见图68）。而地处北方和内陆的画派则较多保留着中国画的传统风格，受西洋画的影响较小，更致力于传统绘画技法的发展与提高。位于中国塞北的艺术家于志学，以他对北国冰雪大自然的深情，独辟蹊径，创造了赋予冰雪艺术以崭新生命力和意义的冰雪山水画，创立了独具特色的中国冰雪画派（见图69），成为活跃在中国画坛的一支重要力量，为中国画语言和题材的拓展以及文化内涵的创新求变作出了重要贡献。

图 68　吴冠中的绘画

资料来源：http：//yxarchive.gov.cn.

图 69　于志学的冰雪山水画

资料来源：http：//cshsj. org/artsx.

　　此外，地理环境对某些画种的分布也有一定的影响，如特种工艺绘画的铁画、竹帘画、鱼羽工艺画、蝴蝶画、剪纸等，它们几乎都有浓郁的地方特色和产生的地理背景。又如我国石窟壁画，主要分布在北方，这一方面与经济、文化特别是宗教等人文环境因素有关，另一方面也与自然环境有关，因北方岩石裸露，气候干燥，石窟壁画易于制作且在自然环境上更有条件得以长久保存（不易化学风化）。

十、龙腾虎跃赖生境——体育与地理环境

　　体育作为人类文化的一种形态，像其他文化一样，同样要受到地理环境的影响与制约，而且较其他文化现象受地理环境的影响更为明显。体育运动与地理环境的密切关系，突出地表现在地理环境直接影响到体育运动项目的产生与布局、某些体育人才的成长、体育竞技水平的发挥以及某些体育项目的地域风格等方面。

1. 地理环境对体育运动项目产生与布局的影响

　　综观各种体育的自然背景，我们不难发现，无论是"绿色体育""白色体育"还是"蓝色体育"，它们无不受到地理环境的深刻影响。同时，我们从一些体育运动项目的产生，也可以深深看到地理环境所起的直接作用。像滑雪通常需借助于雪山，冲浪运动必须借助于海洋（见图70、图71），游泳一般需借助于江河湖海，冰球只能开展于气温低的寒冷地区。可以说，在某种程度上，地理环境严格制约着某些体育运动项目的产生与布局。因而我们不难理解，为什么在北欧的挪威、瑞典和中欧的阿尔卑斯山地区盛行滑雪运动，冲浪运动在澳大利亚和美国的夏威夷最为流行，冰球则在加拿大风行。这些体育运动项目在盛行的地区，无不有着自然背景，打有深刻的地理烙印。

2. 地理环境对某些体育人才的成长的影响

　　许多方面的体育人才的产生要借助特定的地理环境，如游泳与跳水健将多出于南方水乡，滑雪、滑冰以及冰球能手多出于高纬度

图 70　滑雪运动

图 71　冲浪运动

的北国，摔跤能手与好骑手多出于草原，世界体坛的赛跑名将多出
于非洲等。不同地区盛行不同的球类也有地理原因。例如，冰球主
要盛行于北美北部（加拿大和美国北部）和欧洲部分地区（俄罗
斯、芬兰、瑞典），无疑与寒冷的气候和冰天雪地的地理环境有

关；羽毛球在印度尼西亚、丹麦、英国等较流行，这与那里多静风天气有关；足球竞技水平以欧洲、南美洲较发达，足球人才相应较多，则与该地区温凉的海洋性气候与广阔的草原适宜足球运动有关。

3. 地理环境对体育竞技水平的发挥和运动成绩评估的影响

地理环境对某些体育项目竞技水平的发挥有一定影响。翻开世界体育运动史册，人们不难发现有相当一部分世界纪录是在特定的地理环境——高原地区创造的。例如美国运动员比蒙 1968 年创造的 8.90 米的男子跳远世界纪录，就是在海拔 4000 米的墨西哥城奥运会上取得的。某些运动员为什么能在高原地区发挥出理想的竞技水平？这主要是因为，随着海拔高度的上升，空气阻力和地心引力相对减少，因而有利于跳跃、投掷和短跑等某些项目成绩的提高。

除地形因素外，气候条件也直接影响到体育运动的成绩。例如，田径运动员只有在 20~22℃ 的温度、50%~60% 的相对湿度下才能最好地发挥竞技水平；顺风利于短跑、跳远成绩的提高，因此，国际田联规定，顺风风速超过 2 米/秒破纪录无效。例如，在第 25 届奥运会上，美国运动员迈克·康利在三级跳竞赛第六次试跳时惊人地跳出了 18.17 米的成绩（多年来，世界上未突破 18 米大关），可惜当时的风速为 2.1 米/秒，超过了 2 米/秒的风速限制，使一个新的世界纪录化为泡影。逆风可增加升力，提高铁饼投掷成绩；长距离跑在小雨中进行有利于创造好的成绩。当两地气候差异较大时，身体可能产生不适，甚至生病。而在适应新的环境的过程中，也会影响生理机能的正常进行，从而影响到竞技水平的正常发挥。例如，1983 年 8 月，当时在我国国内已跳过 2.37 米的体坛健将朱建华，在赫尔辛基比赛中只跳过了 2.29 米。赛后他的教练说："这里地处北纬 60°，虽然是夏天，可天气很冷。这使出生在上海的建华很不适应。"同样，1984 年奥运会上朱建华也只跳过了 2.31 米。其原因除气温、湿度之外，气压也是要素之一。曾经在墨西哥举行的第 13 届世界杯足球赛，很多国家的运动员都因不适应那里的高海拔（2259 米）和低气压（0.8 个标准大气压）环境而未发挥出应有的水平。又如第 25 届奥运会田径赛中，运动员的成绩普遍得不到正常发挥，这与 1992 年 8 月 3~9 日赛地巴塞罗那正值盛夏有关。当时有的比赛项目要在高温下进行，成绩当然要受到影响。

鉴于地理条件与体育运动的密切关系，目前一些国家开始注意利用自然环境进行体育训练，取得了显著效果。有的国家在体育运动中的田径、游泳等项目在比赛前通常采用高原缺氧训练方法，这很有利于运动成绩的提高，这是因为在低压条件下进行缺氧训练，可以使人体内红细胞数量剧增，致使人体内氧气成分增加，从而达到迅速提高成绩的目的。高原低压缺氧训练，也可加强心肺等器官的承受能力，有助于运动员成绩的提高。如非洲小国肯尼亚，地处东非高原（大部分海拔在 1500 米以上），在良好的低压环境中对运动员进行科学训练，有效提高了运动员的体力和耐力素质，比赛成绩从首届世界田径锦标赛的第 37 名，一跃成为东京第三届世锦赛的第 4 名。1996 年在波士顿马拉松赛中获得冠军的肯利亚选手塔努伊说："当我在低海拔的地方参加比赛的时候，每公里我自然可以比别人快几秒钟。"前民主德国曾利用地下掩蔽壕来模仿高原训练运动员，在短期内大幅度提高了田径、游泳等体育项目的比赛成绩。试想，我国如果能在世界上最高大的高原——青藏高原建立一个体育竞赛特别训练基地，有效地利用这一得天独厚的地理条件，将会有效地提高我国运动员的身体机能水平和某些体育项目的成绩。

由于地理环境特别是海拔高度、气温、风速、气压、湿度等对于短跑、长跑、跳高、跳远等比赛成绩的影响，有人提出，在今后的体育比赛中应将上述因素准确地记录在案，然后再将短跑、长跑、跳高、跳远等比赛成绩进行标准化换算，把有助或有碍成绩的因素除去，以增加成绩的客观性，这一观点得到一些体育专家和物理学者、地理学者的支持。

4. 地理环境对某些体育项目的地域风格的影响

地理环境除影响体育竞赛的成绩以外，还影响到某些体育项目的地域风格以及某些体育活动基地的建立。在对体育运动风格的影响上，如对抗激烈的现代化足球运动，充分体现了南北风格的不同。南美洲及我国南方球队注重脚下功夫，动作灵活、细腻，技术娴熟，配合默契；欧洲及我国北方球队人高体壮，长传直吊，勇敢剽悍，作风硬朗。这与南北不同地理环境的影响或熏陶不无关系。至于地理环境对某些体育基地的建立与形成更有明显的影响。如滑雪运动地对自然环境的某些因素如雪季长短、积雪深度、海拔高度、地形坡度、气温、风力都有特定的要求；海水浴场则对水质、水温、水深、水的颜色与混浊度、水的流速、风向与风力、海滩状况等有严格要求，这都要进行地理状况的适宜性评价。

此外，地貌、气候以及地理位置对于某些体育项目的空间扩散特别是作为一种文化形态加以推行也有一定影响。那些对于地域环境要求严格的体育运动项目如滑雪、冰球、冲浪、帆船等要想在不具备地域环境条件的地方推广，肯定不现实；游泳、马术等一般盛行于气候温和的温带地区，而在炎热的热带和严寒的寒带似乎难以受到广泛的重视，如此等等。

总的来讲，地理环境与体育的关系，已越来越为人们所认识和重视，甚至在一些国家已成为体育专家们的热门话题。

结语：在适宜的环境中诗意栖居

人生不满百，常怀千岁忧。说起来，人的一生即便活到百岁，也不过三万六千五百天。比起亿万斯年的宇宙，又是何其短暂！可是换一种想法，既然每一个生命由于千万种偶然来到这热闹的尘世，是不是应该想一想如何能活得精彩一些？更有诗意一些？

更精彩的生命之花，当然要绽放在宜于生存的良好环境之中。

生命的起初，有孕育化生他的环境，有滋养哺育他的环境。古今中外，有太多的这方面的故事给后来者以教益。大自然与地理环境作为人类活动赖以生存的基础，怎能不谨小慎微，倾心善待？

道家文化认为，人与世界是绝对同一的，主张人与万物平等、和谐相处。庄子认为，"天地与我并生，而万物与我为一"。《管子·水地》曰"地者，万物之原本，诸生之根菀也"。……"天人合一"是中国传统文化的核心思想之一。中国古代哲学关于"天人合一"的辩证思想主要是在于它强调"天道"和"人道"、"自然"和"人为"的相通、相类和统一的观点。人本来是自然的有机组成部分，自然界、自然规律决定着人的活动，人依赖于大自然，人道必须和天道保持一致。按照当代生态伦理学理论，人既不是自然的主体，也不是自然的征服者，而是如西方学者纳什所说的"自然共同体的一个成员"。西方大哲学家海德格尔提出天、地、神、人一体，反对人与自然分离，认为人是存在（自然）的看护者，而不是存在（自然）的主宰者，主张人与自然和谐相处，诗意地栖居在大地上。伟大的科学家爱因斯坦早就告诫人们应对大自然保持敬畏之情。在大自然面前，人类还只是天真幼稚的孩童，切不可狂妄，人对大自然应该怀有敬畏之情、善待之心。大自然作为人类的母亲，地理环境作为人类社会发展的本源与舞台，要求人类尊重大自然，爱护大自然，充分重视地理环境的重要作用，因地制宜地合理利用自然条件，追求人与自然的高度和谐。

其实，人做任何事情，都有个最佳场所与环境问题。西方人因此发明了"区位论"。不过西方的区位论较多地关注于人生的事功、经济的发展，如杜能的"农业区位论"，韦伯的"工业区位论"，克里斯泰勒城市区位论的"中心地学说"，还有廖什的"市场区位论"。而中国人的区位理论则更关注于人的安身立命，如中国古代的"风水学说"。"一方水土养一方人"更是亘古不变的真理。"诗意栖居"则是人生活的理想追求。

区位活动是人类活动的最基本行为，是人们生活、工作最基本的要求，人类在地理空间上的每一个行为都可以视为是一次区位选择活动。例如：农业生产中农作物种的选择与农业用地的选择，工厂的区位选择，公路、铁路、航道等路线的选线与规划，城市功能区如商业区、工业区、生活区、文化区的设置与划分，城市绿化位置的规划以及绿化树种的选择，房地产开发的位置选择，国家各项建设工程设施的选址等。

区位论在西方，是作为人类为寻求合理空间活动而创建的理论。如何选择合理的或曰适宜的区位？这是人类在活动时首先要考虑的问题。西方的许多区位理论都从多个角度对各种情形下的区位活动进行了探索，总结出了因地制宜、动态平衡和统一性三大行动原则。

中国人的区位理论虽然不如西方发达，但数千年前的风水学说无疑是世界上最早的"聚落区位理论"。风水学说讲究人的生活环境，风水理论的基本取向尤其关注于人与环境的关系，这与我国传统的天人合一的宇宙观是完全一致的。风水强调人与自然的和谐，人要顺应天时地利，以自然为本。人只有选择合适的自然环境，才有利于自身的生存和发展。风水不仅把人看作自然的一部分，更把大地本身看成一个富有灵性的有机体，各部分之间彼此关联，相互协调，这种大地有机自然观，既是风水思想的核心，也是东方传统文化的精华。中国人的风水学说，有着深刻的自然科学的基础。试想人生活于天地之间，怎能一刻脱离养育他的自然环境？可地理环境在地表的分布又是千差万别的，有的地方相对优越，适宜人们居住，有的地方则隐藏着危险和祸患，给人们带来困苦和不便。人们本能地要选择自己所理想的生存环境。趋吉避凶、追求安定的生活环境，是人类十分正常的情感需求。已有大量事实表明，居住环境的好坏，对人的体质健康和智力发育均有重大影响。它包含了小气候的好坏、地质基础的优劣、水土的美恶、地形的利害以及生物群落的状况，等等。人不管做什么事，都有个最佳场所的选择问题。只有在那个最佳场所下活动，才能取得最理想的效果。风水的选择考虑到了自然环境的诸要素，主张人与自然和谐，其核心观点主要应是唯物主义的，而不是唯心主义的。当然，风水文化中也混杂有一些迷信的或非科学的成分。应注意的是，风水所观照的人与自然交相感应的很多事象，也有许多如中医经络一类的天才直觉和潜科学的成分，以至于今天的科学也未必能很好地揭示其真谛，让人一窥庐山真面目，这未免令人遗憾，却也平添了风水学说的迷人魅力。风水作为祖国传统文化的一部分，其价值所在，乃是人与自然环境的和谐相生，让天地所孕育的人类，安详诗意地生活在自然的怀抱之中。

当今世界，由于人口的剧增和现代文明所带来的人类生存环境的恶化以及环境的变迁，也向古老的风水学说和传统的环境理论等提出了新的挑战。比如我们已经没有了那么多可供任意选择的生存空间；环境污染和生态环境质量下降已使生存环境发生了越来越大的变异，旧的学说与理论已不适应新的境况。再者，城市化的浪潮使得楼居的人群愈来愈多，人们能有一处住所已属不易，已无条件去讲究生存环境的优劣。与此同时，环境变化越来越加剧，自然灾害变得越来越频繁。面对这些新问题，人类应该怎么办？本书描绘的人与地理环境的关系，目的就在于促使人们思索这一问题，如果此书能对人们有所启迪，从而去努力创造和寻求理想的生存环境，因地制宜地发展社会生产力，创造人与自然和谐的生态文明与社会文明，那么我们愿意在天蓝气清、鸟语花香的明天，与您分享"诗意栖居"的幸福与喜悦……

参 考 文 献

1. 曹诗图，王衍用，廖荣华、蒋昭侠：《社会·文化·环境》，云南科技出版社 1996 年版。

2. 曹诗图，廖荣华，王衍用，黄昌富：《社会发展地理学概论》，中国地质大学出版社 1992 年版。

3. 曹诗图，孙天胜：《新编人文地理学》，大众文艺出版社 2004 年版。

4. 曹诗图等著：《旅游文化与审美》（第 3 版），武汉大学出版社 2010 年版。

5. 李旭旦：《人文地理学论丛》，人民教育出版社 1986 年版。

6. 冯天瑜，何晓明，周积明：《中华文化史》，上海人民出版社 1990 年版。

7. 李桂海：《现代人与历史的现代解释》，湖北人民出版社 1989 年版。

8. 吴松弟：《无所不在的伟力——地理环境与中国政治》，吉林教育出版社 1989 年版。

9. 王恩涌：《文化地理学导论》，高等教育出版社 1991 年版。

10. 王恩涌：《王恩涌文化地理随笔》，商务印书馆 2010 年版。

11. 夏日云，张二勋主编：《文化地理学》，北京出版社 1991 年版。

12. 王会昌：《中国文化地理》，华中师范大学出版社 1992 年版。

13. 张文奎：《经济地理学基础》，山东科学技术出版社 1985

年版。

14. 张仁福：《中国南北文化的反差——韩欧文风的文化透视》，云南教育出版社 1992 年版。

15. 王名生：《中外地名雅称词林》，华中师范大学出版社 1992 年版。

16. 陈丕西：《服饰文化》，中国经济出版社 1995 年版。

17. 庄驹：《人的素质通论》，山东大学出版社 2000 年版。

18. 蔡栋：《南人与北人——各地中国人的性格和文化》，大世界出版有限公司 1995 年版。

19. 方如康，戴嘉卿：《中国医学地理学》，华东师范大学出版社 1993 年版。

20. 谭见安：《地球环境与健康》，化学工业出版社 2004 年版。

21. 王炜，陈丽芳：《揭开风水之谜》，福建科学技术出版社 1989 年版。

22. 胡龙成：《环境与人趣谈》，长江出版社 2011 年版。

23. 丘桓兴，徐欧光：《孔雀之乡的民俗与旅游》，旅游教育出版社 1995 年版。

24. 景才瑞：《论人猿相揖别的变化条件——第四纪大冰期是古猿向人转化的外因》，载《华中师院学报》（自然科学版）1984 年第 1 期。

25. 王恩涌：《"人地关系"的思想——从"环境决定论"到"和谐"》，载《北京大学学报》（哲学社会科学版）1992 年第 1 期。

26. 隆国强：《内忧外患与气候变迁——中国封建社会长期延续探源之四》，载《地理知识》1988 年第 6 期。

27. 蔡国相：《南北文化差异及其形成的地理基础》，载《锦州师院学报》（哲学社会科学版）1992 年第 2 期。

28. 郭豫庆：《黄河流域地理变迁的历史考查》，载《中国社会科学》1989 年第 1 期。

29. 朱亚宗：《地理环境如何影响科技创新——科技地理史与科技地理学核心问题试探》，载《科学技术与辩证法》2003 年第 5 期。

30. 于希贤：《风水观与莫斯科城的选址布局研究》，载《经济地理》1992 年第 3 期。

31. 胡兆量：《中国民俗地理探幽》，载《华夏地理》2009 年第 10 期。

32. 秦树辉，韩秀珍：《初探自然地理环境对民俗事象的影响》，载《内蒙古司法大学学报》1998 年第 5 期。

33. 温军：《少数民族丧葬与地理环境》，载《地理知识》1992 年第 7 期。

34. 郑勤：《地理环境与体育文化》，载《华中师范大学学报》（自然科学版）1994 年第 3 期。

35. 许韶立，王庆生，李春发：《地理环境与社会文化》，载《经济地理》1997 年专辑。

36. 曹诗图，廖荣华：《地理环境作用新思辨》，载《经济地理》1998 年第 3 期。

37. 曹诗图：《论地理环境在社会发展中的作用》，载《云南地理环境研究》1995 年第 1 期。

38. 曹诗图：《文化与地理环境》，载《人文地理》1994 年第 2 期。

39. 曹诗图：《自然环境对人口分布的影响》，载《地理教育》1990 年第 3 期。

40. 曹诗图，罗培美：《试谈地理环境对人口的影响》，载《地理教育》2008 年第 2 期。

41. 曹诗图，黄昌富：《地理环境与人才成长》，载《人文地理》1989 年第 3 期。

42. 曹诗图，王恩涌：《政治与地理环境》，载《武汉水利电力大学学报》（社会科学版）1999 年第 6 期。

43. 曹诗图，李卓文：《中国书法艺术中的地理印痕》，载《武汉水利电力大学学报》1993 年第 3 期。

44. 曹诗图，孙天胜，田文瑞：《中国文学的地理分析》，载《人文地理》2003 年第 3 期。

45. 曹诗图，张兆行：《地理环境与科技文化》，载《地理知识》1993 年第 6 期。

46. 曹诗图，曹廷忠：《地理环境对我国丧葬的影响》，载《地理知识》1989 年第 9 期。

47. 胡龙成，曹诗图：《音乐与地理》，载《地理大观园》第 4 期。

48. 胡龙成，曹诗图：《地理环境与中国民歌》，载《地理知识》1992 年第 10 期。

49. 胡龙成，曹诗图：《南国何以多娇娃》，载《自然与人》1995 年第 4 期。

50. 王衍用，曹诗图：《我国服饰分布的地理背景及其在旅游业中的利用》，载《地理学与国土研究》1994 年第 1 期。

51. 王衍用：《试论人类身高的地域差异规律及其成因》，载《人文地理》1993 年第 3 期。

52. 王衍用，曹诗图：《试论宗教的地理背景》，载《人文地理》1996 年增刊。

53. 王衍用，曹诗图：《人类心理行为与地理环境的关系①——自然的烙印》，载《中国环境报》1996 年 11 月 24 日第 4 版。

54. 王衍用，曹诗图：《人类心理行为与地理环境的关系②——追逐光明》，载《中国环境报》1996 年 12 月 22 日第 4 版。

55. 王衍用，曹诗图，毛永海：《自然——雕塑人类的艺术家》，载《中国环境报》1995 年 12 月 17 日第 4 版。

56. 王衍用，曹诗图，毛永海：《性情与山水交融——谈地理环境对心理的影响》，载《中国环境报》1995 年 12 月 31 日第 4 版。

57. 曹诗图，王衍用：《饮食的地域特色》，载《中国环境报》1996 年 3 月 10 日第 4 版。

58. 曹诗图，王衍用：《名酒形成的地理条件》，载《中国环境报》1996 年 3 月 24 日第 4 版。

59. 曹诗图，王衍用：《民居与地理环境》，载《中国环境报》1996 年 4 月 21 日第 4 版。

60. 曹诗图，王衍用：《园林与地理环境》，载《中国环境报》1996 年 5 月 5 日第 4 版。

61. 曹诗图，王衍用：《美女与地理环境的关系①——佳景孕美人》，载《中国环境报》1996 年 9 月 1 日第 4 版。

62. 曹诗图，王衍用：《美女与地理环境的关系②——精诚所毓，灵秀所钟》，载《中国环境报》1996 年 9 月 15 日第 4 版。

63. 曹诗图，王衍用：《美女与地理环境的关系③——灵山碧水钟佳丽》，载《中国环境报》1996 年 10 月 13 日第 4 版。

64. 曹诗图，王衍用：《风水与地理环境①——风水宝地酿安康》，载《中国环境报》1996 年 11 月 10 日第 4 版。

65. 曹诗图，王衍用：《风水与地理环境②——并非迷信》，载《中国环境报》1996 年 11 月 24 日第 4 版。

66. 袁本华，王衍用：《对风水文化的地理透视》，载《地理教育》1995 年增刊。

67. 邓宏兵，张兆行，曹诗图：《地理环境与地方戏曲》，载《襄阳师专学报》（哲学社会科学版）1994 年第 2 期。

68. 王恩涌，曹诗图：《曹操何以遭赤壁之败》，载《科技日报》1995 年 4 月 9 日第 2 版。

69. 蒋昭侠，曹诗图：《语言与地理环境》，载《社会科学论文集》，中国三峡出版社，1997 年版。

70. 孙天胜：《风水，一个欲说还休的话题》，载《资源与人居环境》2006 年第 10 期。

71. 孙天胜，曹诗图：《民俗文化与地理环境》，载《旅游视野》2013 年第 10 期。

后　记

　　地理环境与人类社会及文化的关系是一个常论常新的问题，"一方水土养一方人"是至理名言，其中许多奥秘尚待揭示。对人与地理环境的奥秘关系问题，我国曾有少数学者进行过一些探讨，但大多失之零散，缺乏系统或未成体系。为弥补这一缺憾，笔者不揣冒昧，在多年研究的成果基础上，撰写了《一方水土养一方人——地理环境对人类的影响》一著，从纵向与横向、时间与空间、历史与现实、生活与社会等不同维度论述了人类、生活、经济、社会、文化与地理环境的辩证关系，力图勾画出较为明晰的人类与地理环境相互作用的整体轮廓。如果说本著有什么特点的话，那就是我们的思考集中在人类、生活、经济、社会、文化与环境相互结合的层面，从人文地理的视角对人类与地理环境的复杂关系作出了较为科学的透视、阐明，针对大众读者从科学知识普及的角度进行了较为通俗的论述，并把地理环境的作用和人地关系上升到科学与哲学的高度进行了分析与总结，同时在此基础上提出了一些比较新颖的见解。由于我们的学识有限，书中难免存在着一些缺点和错误，恭请读者诸君批评教正。

　　本书主要由曹诗图、孙天胜、王衍用合撰，向士平绘图。参加本书撰稿的还有廖荣华、蒋昭侠、黄昌富、张兆行、胡龙成等，研究生李杜红、蒋剑岚、韩国威、刘雪珍、杨丽斌、范安铭、许黎进行了部分资料的收集整理和书稿的校对工作，他们为本书的编写作出了一定的贡献。

　　笔者在撰稿过程中，得到了许多良师益友的帮助，参考和引用了一些学者著作中的不少宝贵资料，援用了互联网上的少量摄影图片。由于无法联系到作者，作者见书后可与曹诗图联系（地址：武汉市青山区和平大道 947 号，武汉科技大学管理学院），将赠送样书。

　　著名人文地理学家、北京大学教授王恩涌先生为本书撰写序言。武汉大学出版社的柴艺、郭静二位编辑为此书的出版付出了辛勤的劳动。谭传凤、马晓冬、潘娜、周丹、周宜君诸位同仁对本书的出版予以关心和支持，笔者在此一并表示谢忱。

著　者

2016 年 2 月